宁夏滩羊

滩羊羔羊

小尾寒羊种公羊

小尾寒羊母羊

湖羊产羔母羊

湖羊

内蒙古白绒山羊

宁夏中卫黑山羊

萨福克种公羊

萨福克羊与滩羊杂交羔羊

无角陶赛特羊

陶赛特羔羊

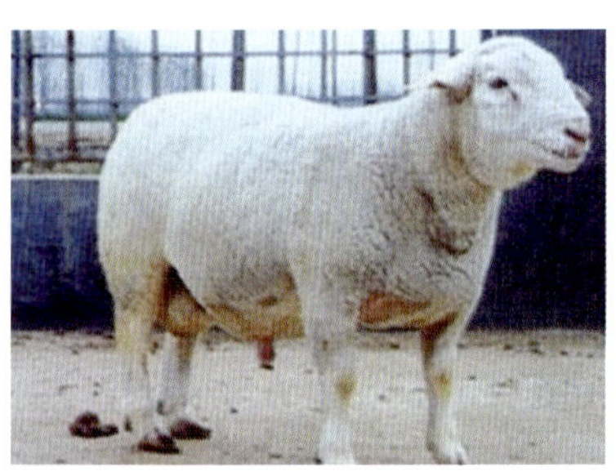

杜泊种公羊

夏洛莱羊

特克塞尔种公羊

波尔山羊

羊采食槽

羔羊补饲栏

规模化育肥羊场开放羊舍

种羊舍

小区羊圈

高床养羊

高床封闭羊舍

羊口蹄疫病跛行姿势

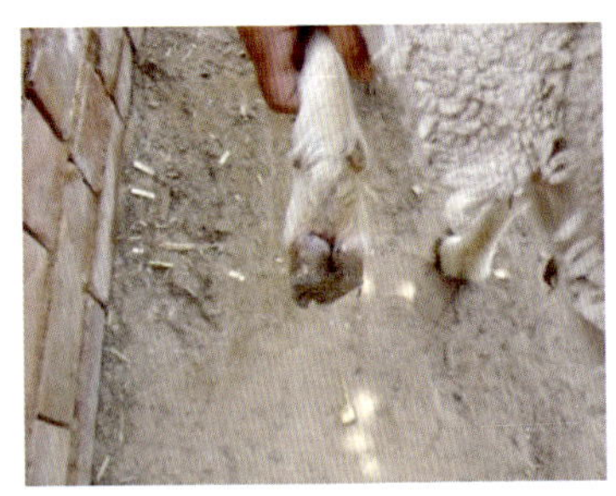

羊口蹄疫病蹄球部肿胀

布鲁氏菌病羊睾丸肿硬

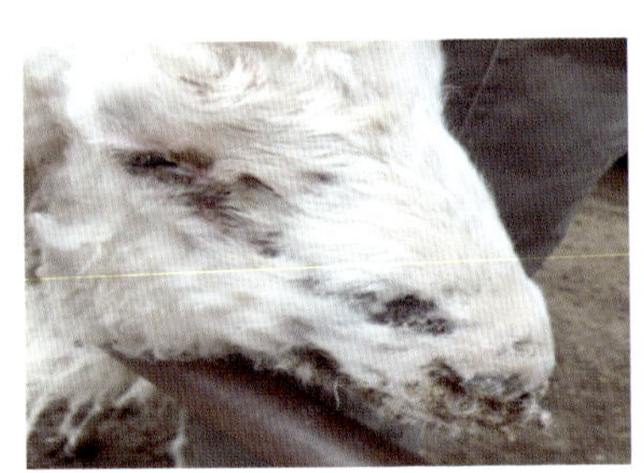

羊痘

羊破伤风牙关紧闭，四肢僵硬，流涎，呈木头状

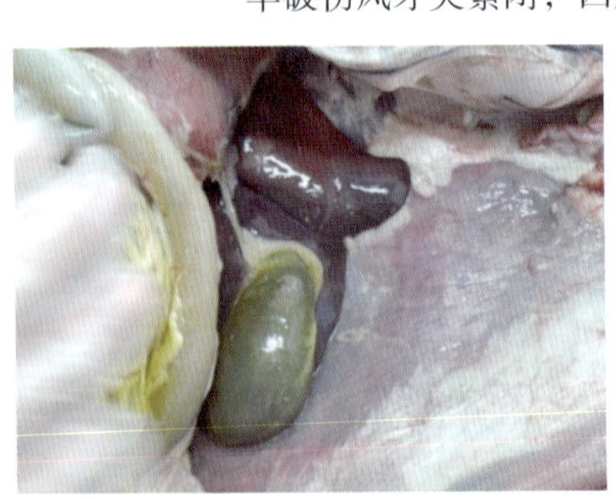

羊快疫胆囊肿大充盈

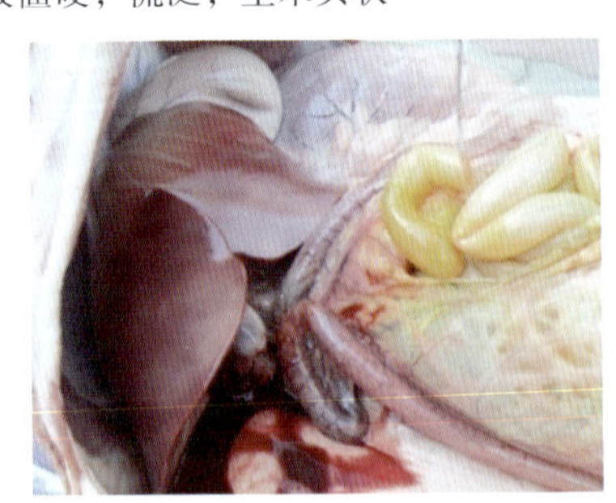

羊快疫十二指肠出血性炎症

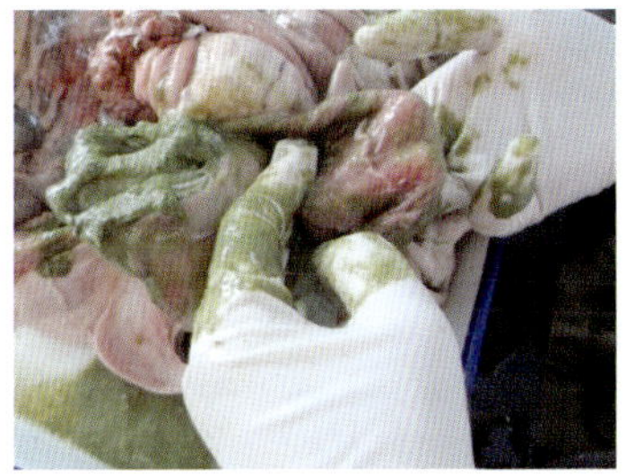

羊快疫真胃胃底黏膜弥漫性出血

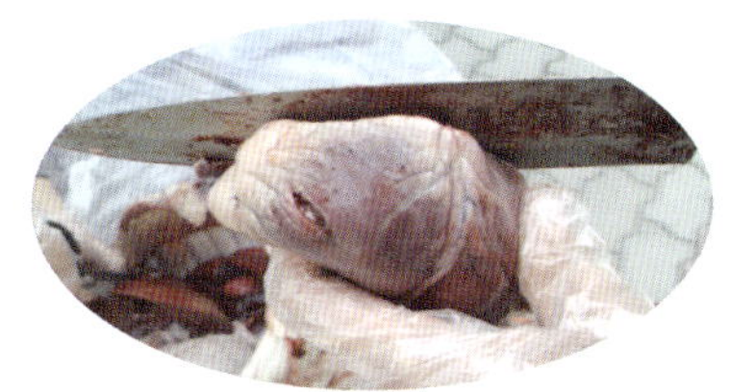

羊快疫内脏出血

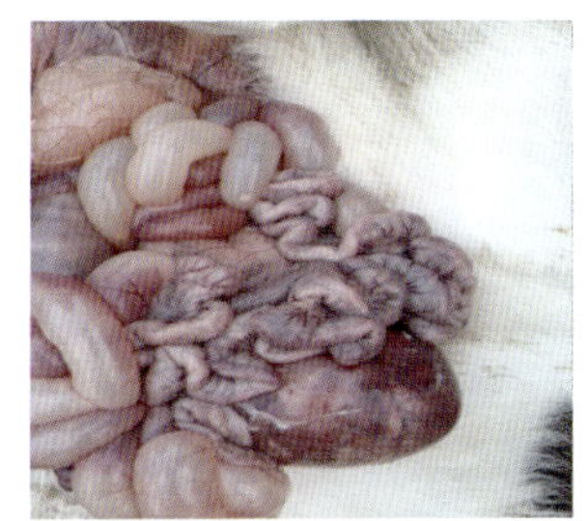

小羊快疫肠出血

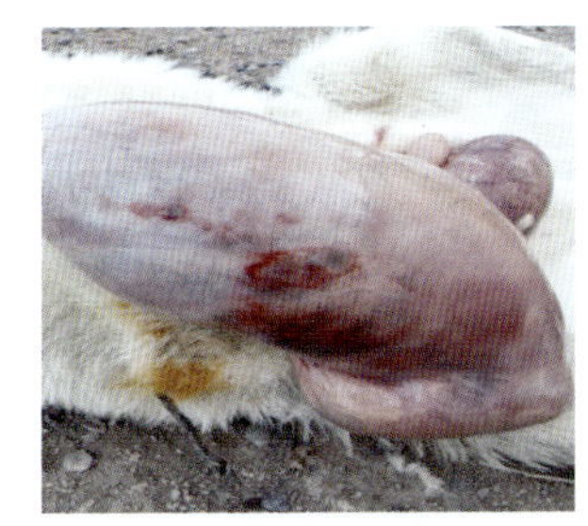

羊快疫胃壁溃疡

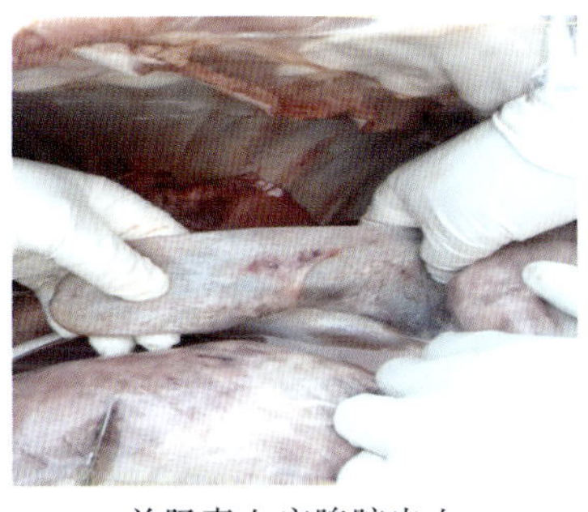

羊肠毒血症脾脏出血

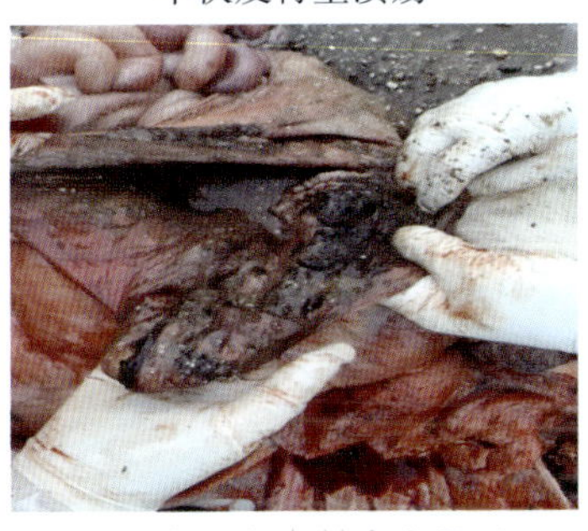

羊肠毒血症小肠出血坏死

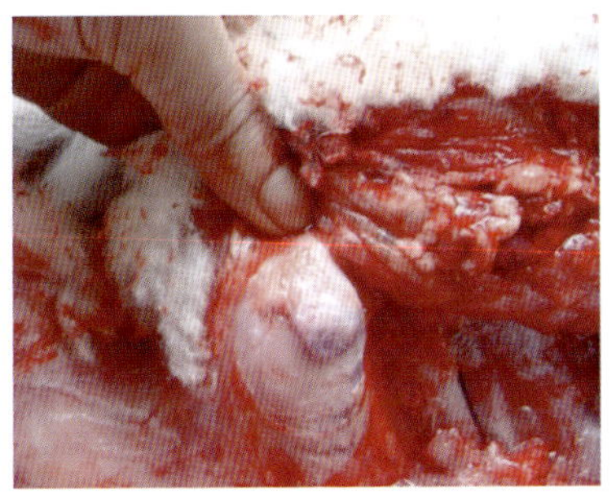

羊肠毒血症淋巴结出血

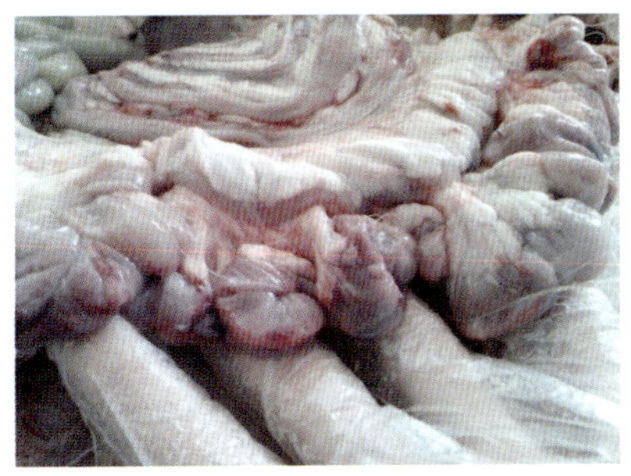

羊肠毒血症肠道出血性炎症

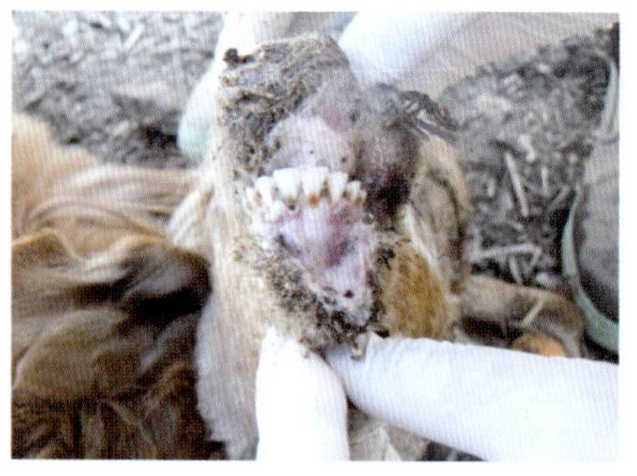

传染性胸膜肺炎口腔黏膜糜烂

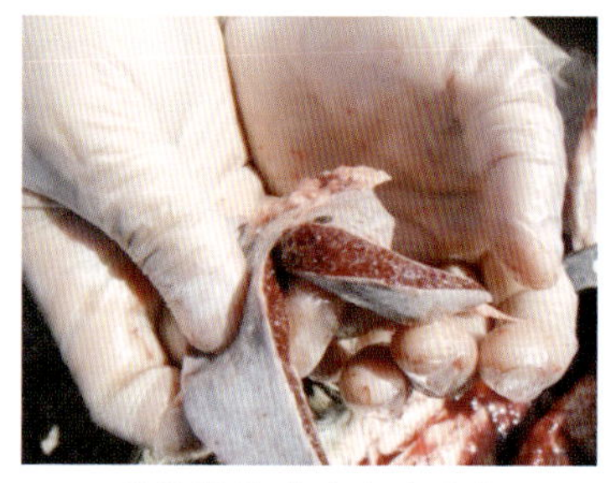

传染性胸膜肺炎脾肿大

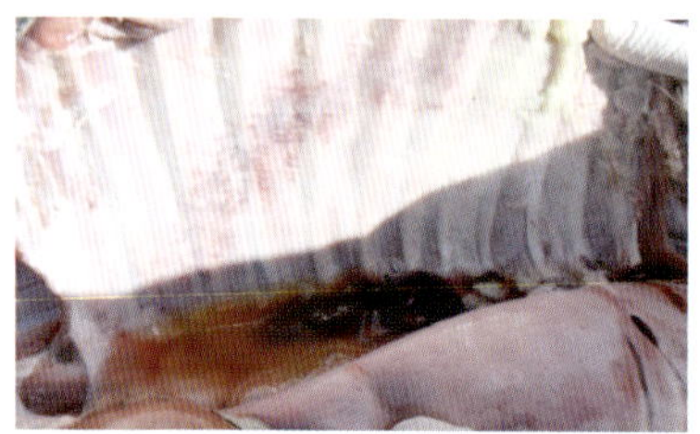

胸腔纤维蛋白性渗出并凝固

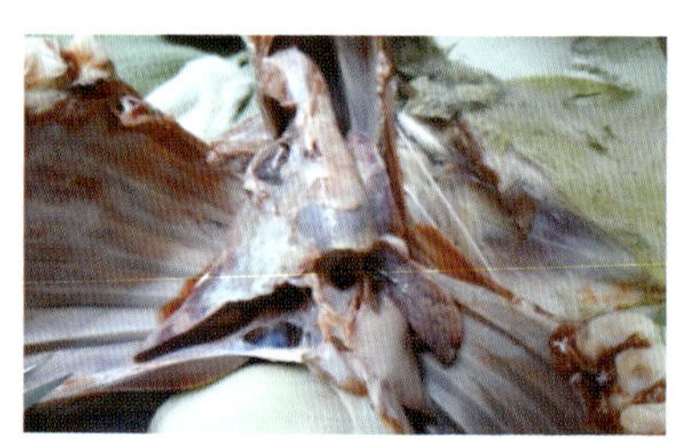

传染性胸膜肺炎肺胸膜粘连
及纤维蛋白性渗出

羊病毒性口疮口角溃疡

小反刍兽疫群发症状

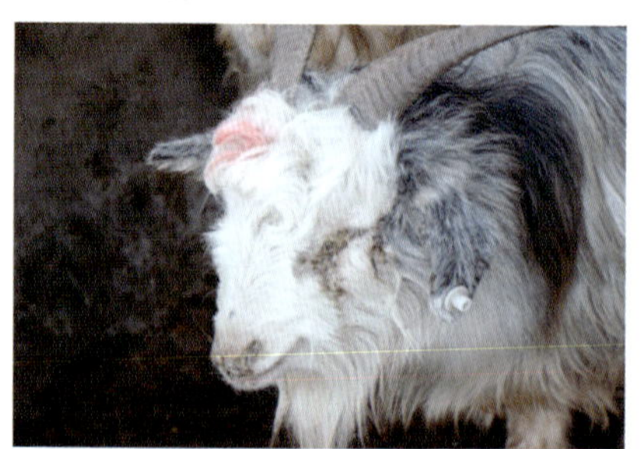

小反刍兽疫腹泻及口鼻脓性分泌物

小反刍兽疫腹泻、流产

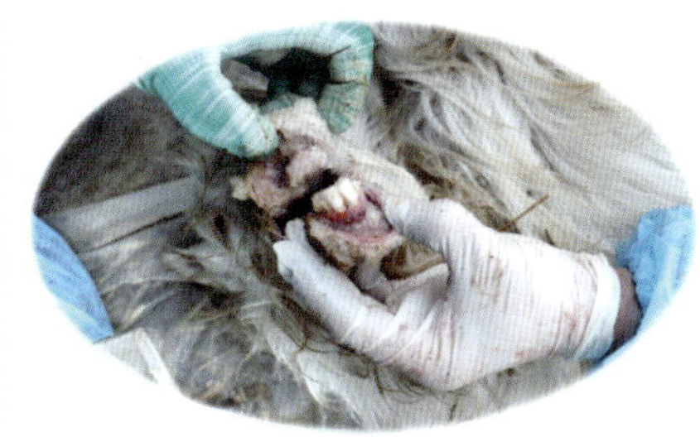

小反刍兽疫口腔黏膜糜烂

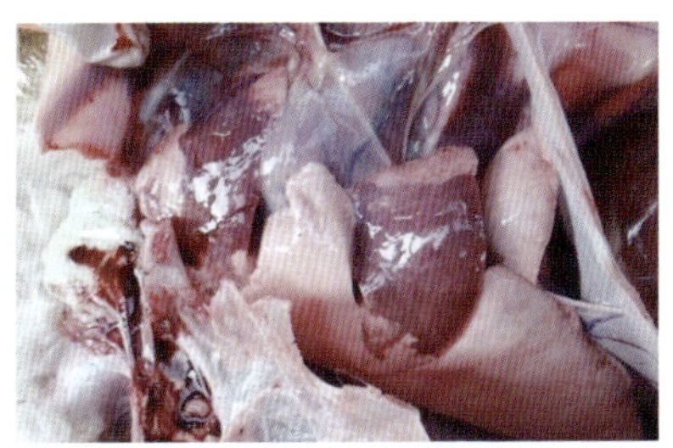

小反刍兽疫大叶性肺炎

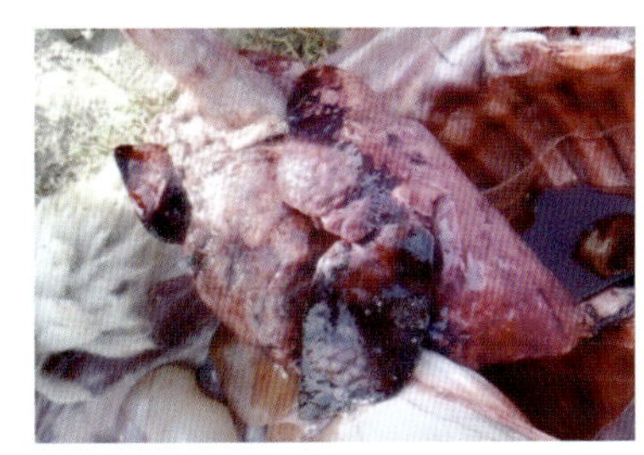

小反刍兽疫右肺，前、中叶大叶性肺炎

小反刍兽疫气管出血

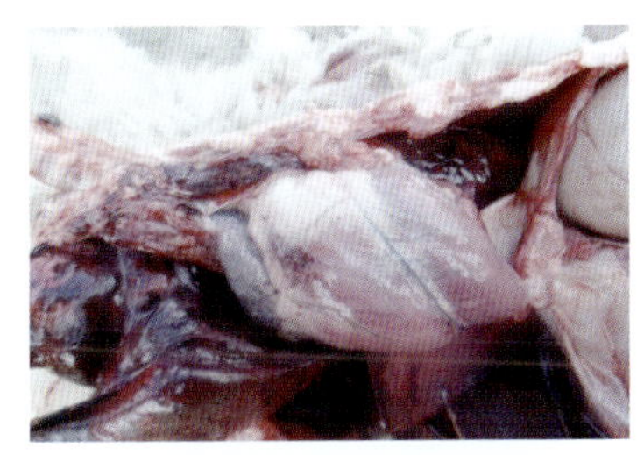

小反刍兽疫心肌出血

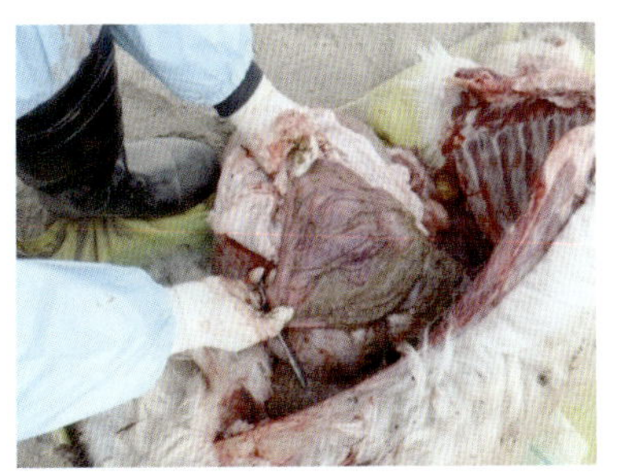

小反刍兽疫真胃黏膜出血糜烂

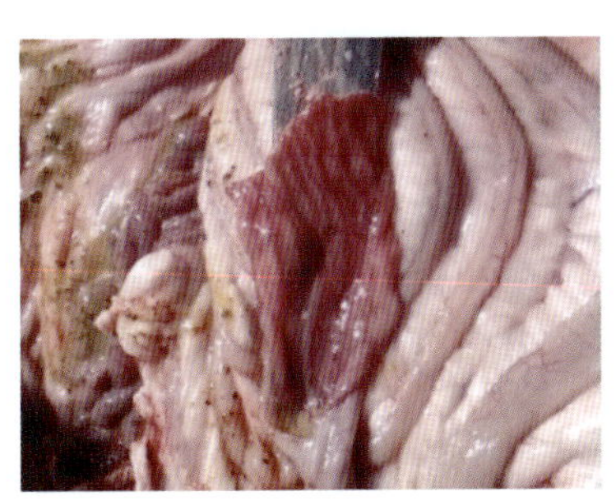

小反刍兽疫结肠近端斑马纹状出血

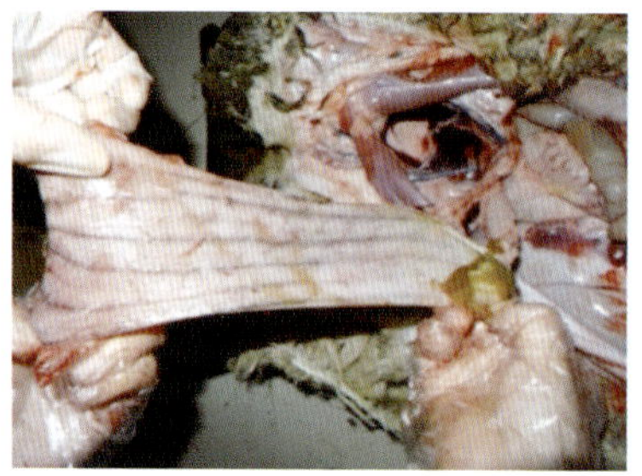

小反刍兽疫直肠黏膜斑马纹状出血

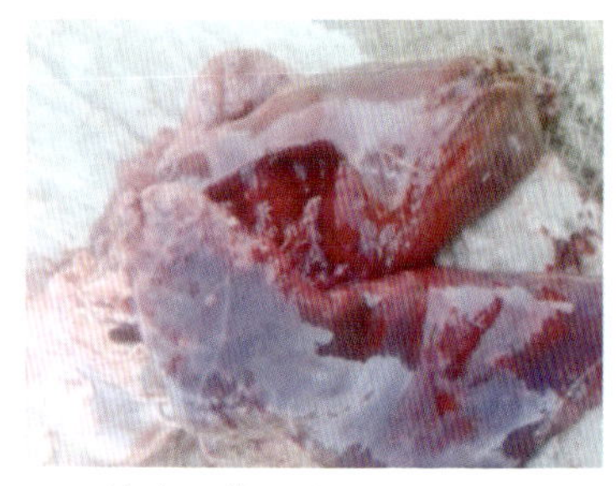

羊支原体肺炎出血、坏死

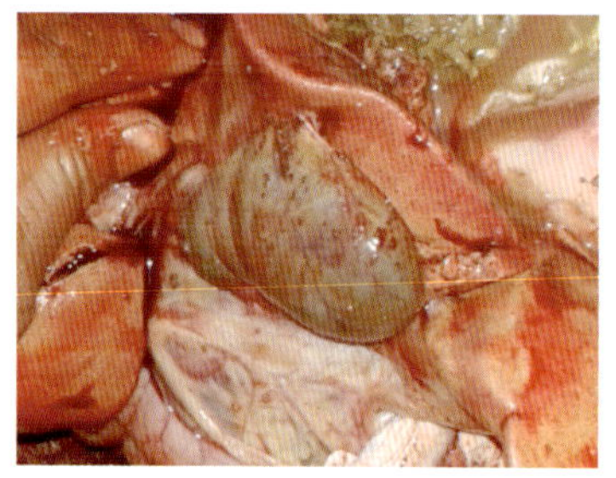

胆囊肿大、出血

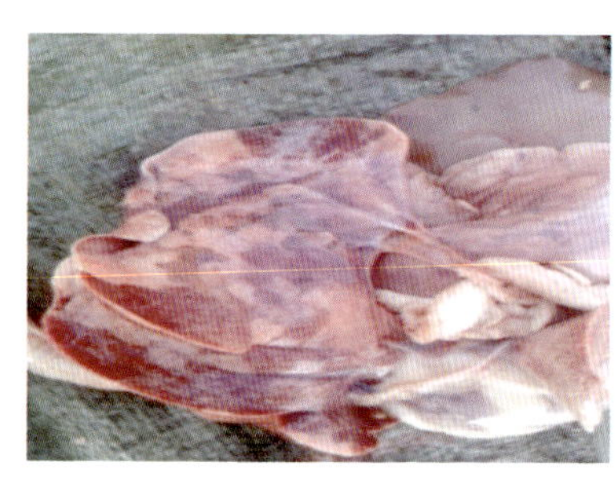

大叶性肺炎、大理石样变

羊急性脑炎转圈

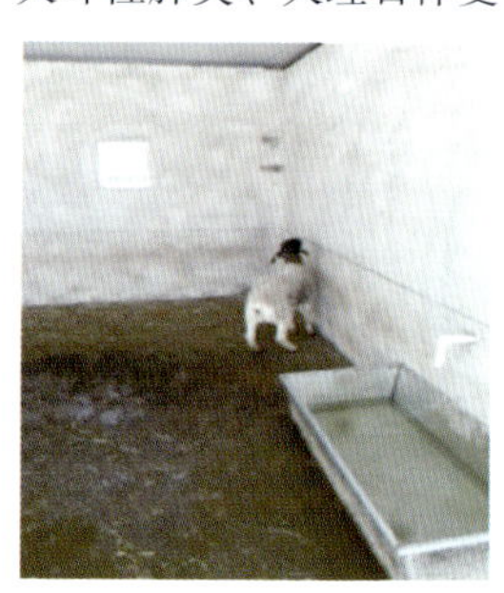

羊急性脑炎顶墙

羊急性脑炎急性肺水肿

羊急性脑炎呼吸困难

育肥公羊尿结石阴茎周围皮下隆起

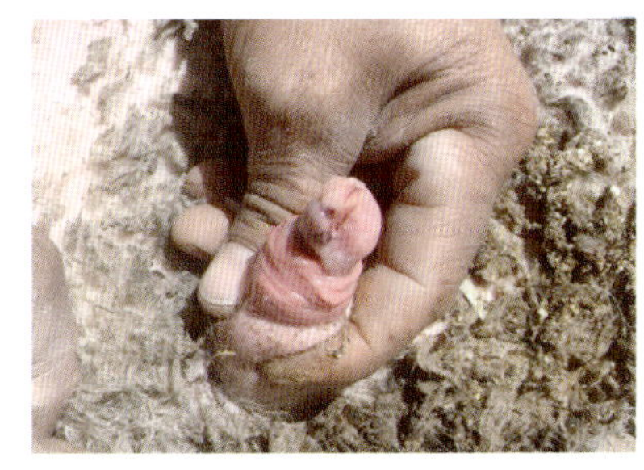

育肥公羊尿结石龟头出血坏死

育肥羊尿结石龟头肿大

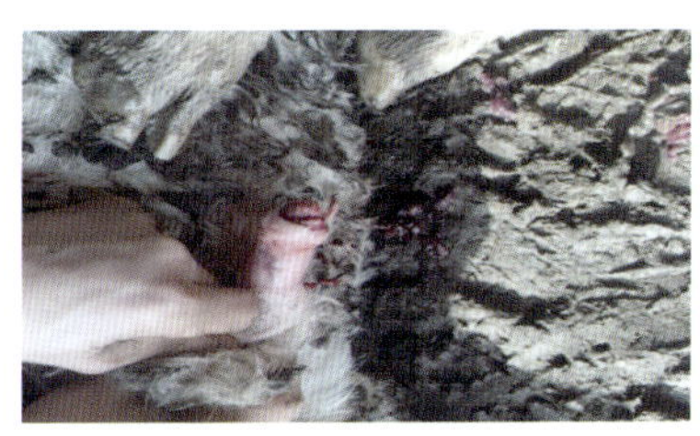

育肥羊尿结石尿道出血

羊异嗜癖啃钢管

羊瘤胃内异物、毛球

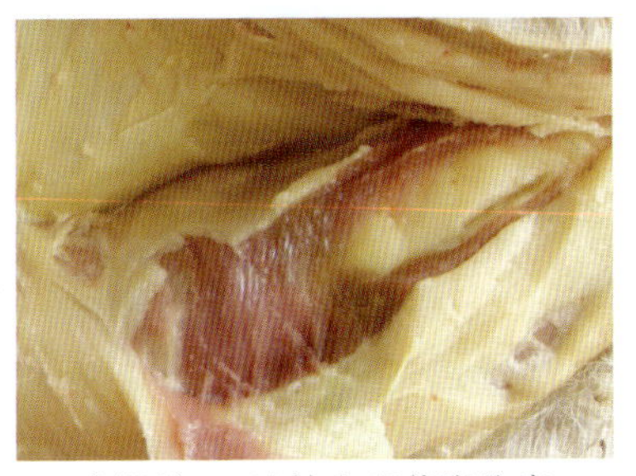

育肥羊 70 日龄出现黄脂肪病

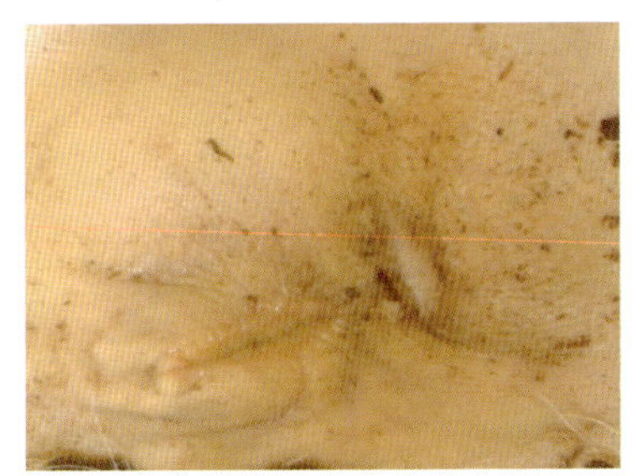

黄脂肪病羊会阴皮肤黄染

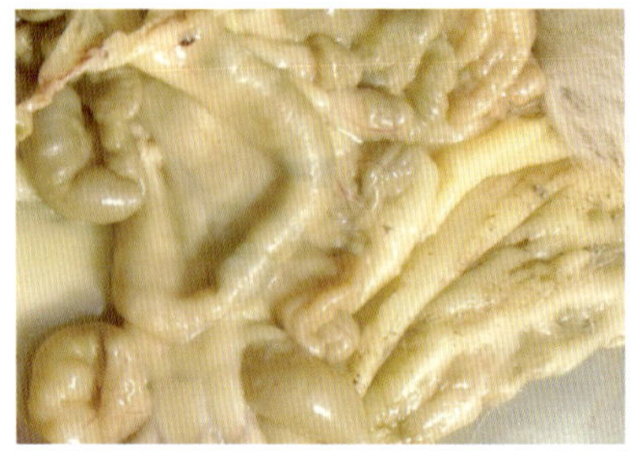
育肥羊黄脂肪病肠系膜黄色

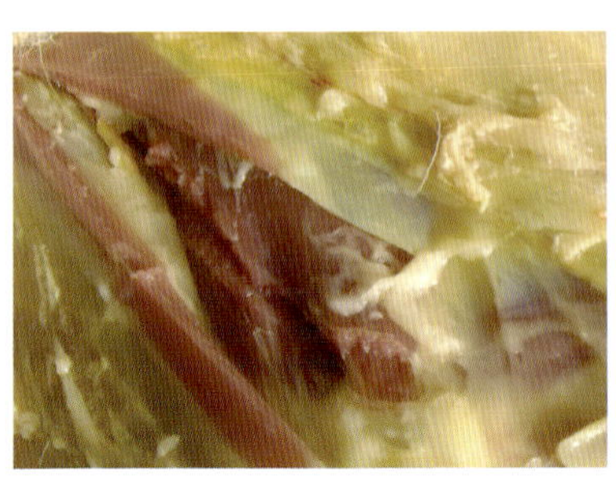
育肥羊黄脂肪病皮下脂肪黄色、肌肉颜色正常

黄脂肪病羊精神沉郁、消瘦

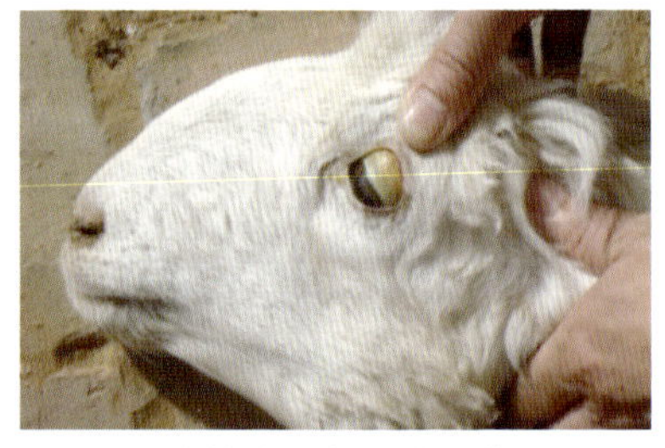
羊黄脂肪病眼球发黄

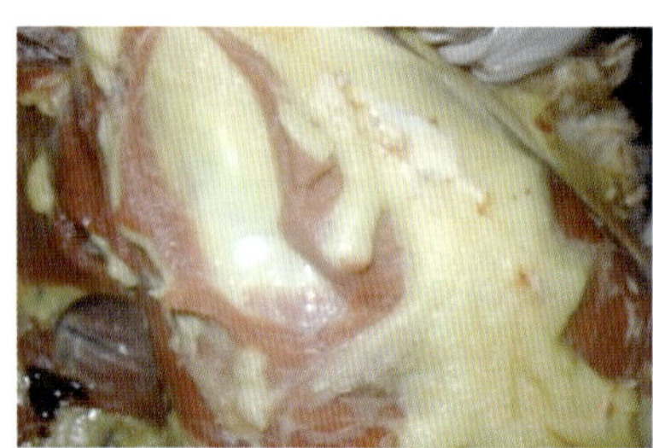
羊黄脂肪病肌间、皮下脂肪变黄

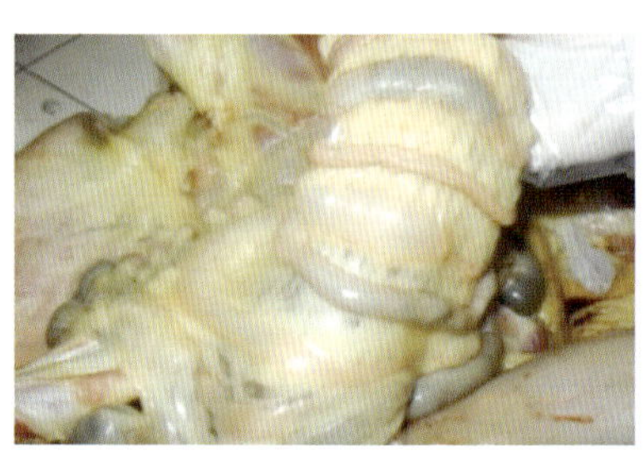
羊黄脂肪病肠系膜脂肪变黄

羊黄脂肪病肝脏变成土黄色

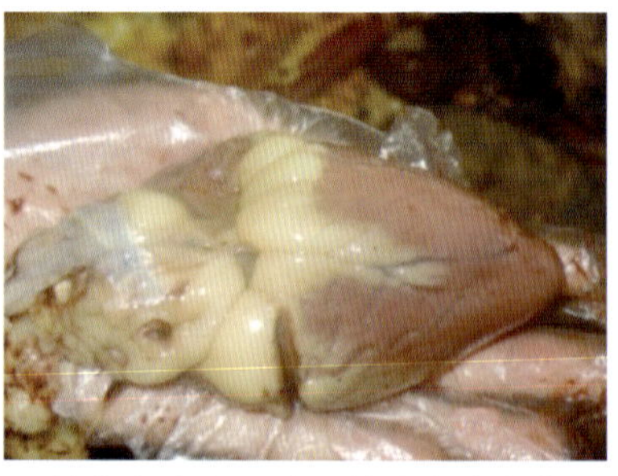
羊黄脂肪病心脏冠状沟脂肪变黄

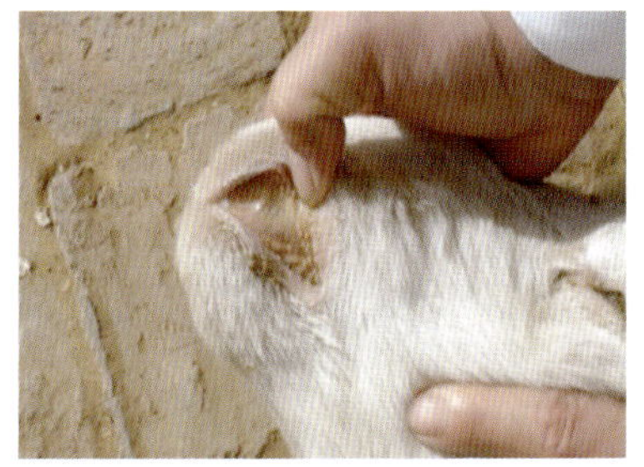

羊黄脂肪病鼻腔黏膜变黄

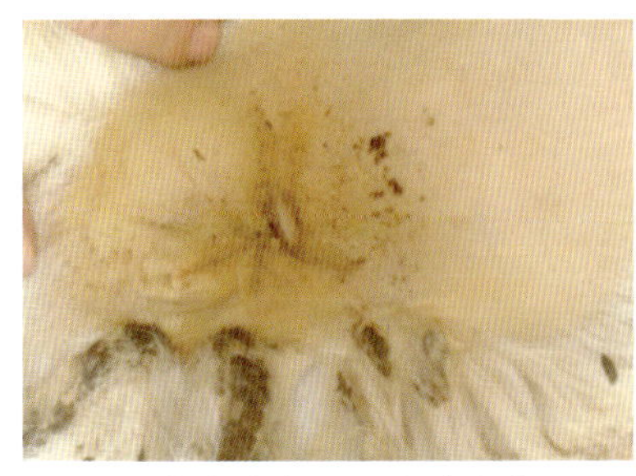

羊黄脂肪病尾下皮肤变黄

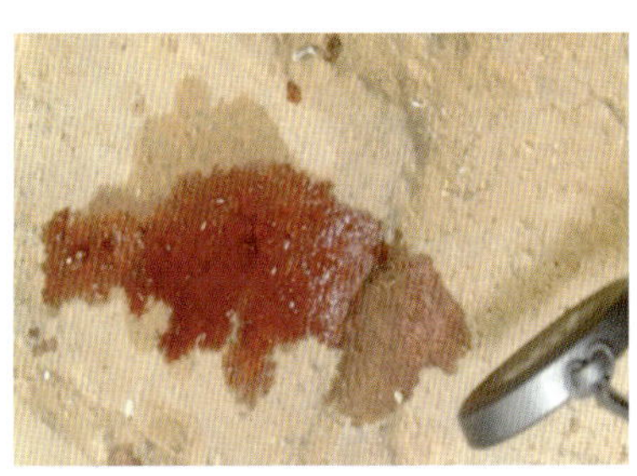

羊黄脂肪病屠宰发现血液稀薄、贫血

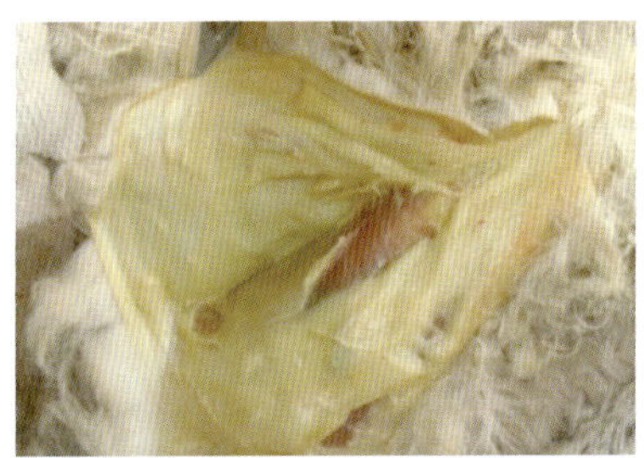

羊黄脂肪病皮下脂肪变黄

羊黄脂肪病大网膜脂肪变黄

羊黄脂肪病胸部皮下脂肪变黄

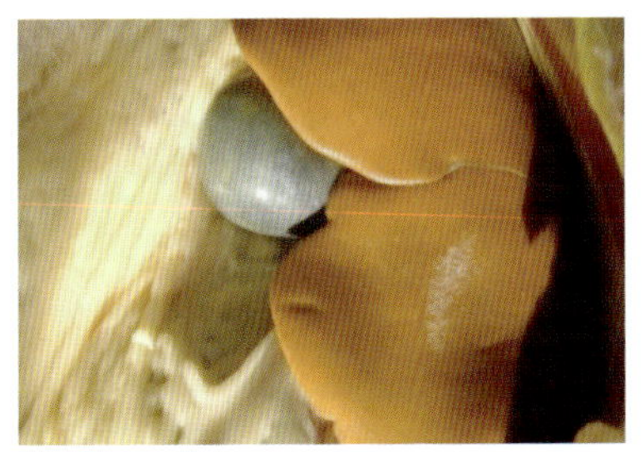

羊黄脂肪病肝脏变成土黄色、易碎

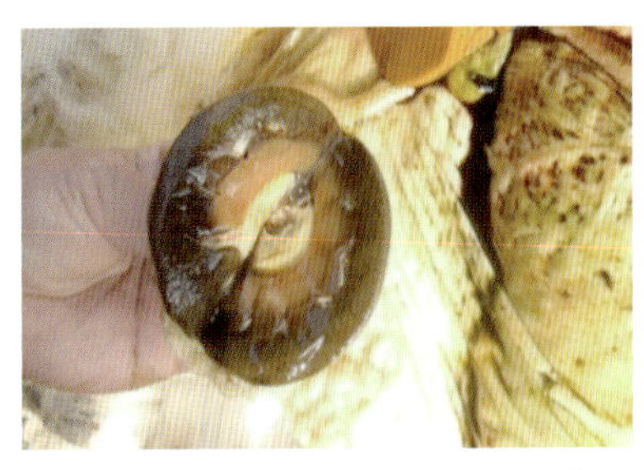

羊黄脂肪病肾脏髓质部脂肪变黄

羊黄脂肪病肾脏发黄

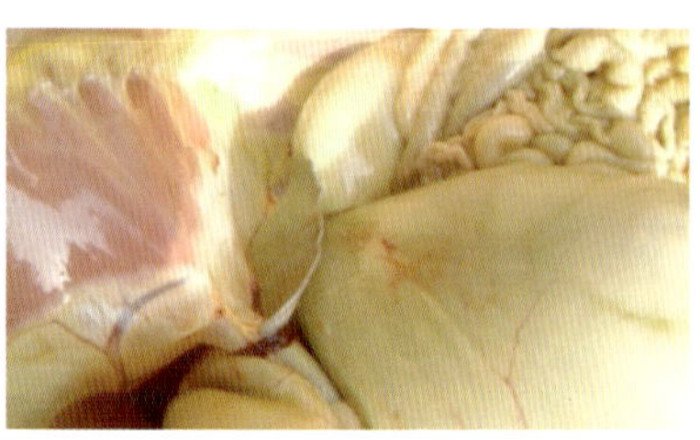
羊黄脂肪病脾脏发黄

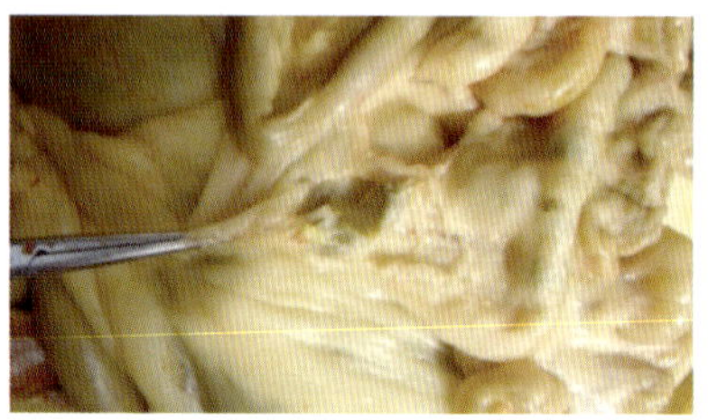
羊黄脂肪病肠盘变黄

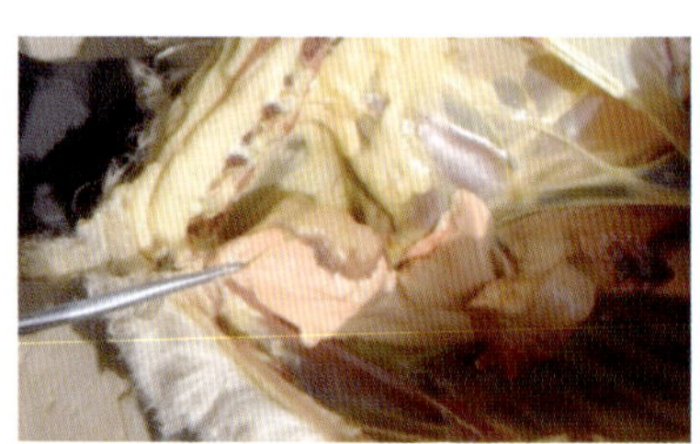
羊黄脂肪病肺脏变黄

羊黄脂肪病胴体表面发黄

羊鼻腔喷出鼻蝇蛆

羊瓣胃捻转线虫

育肥羊尿素中毒

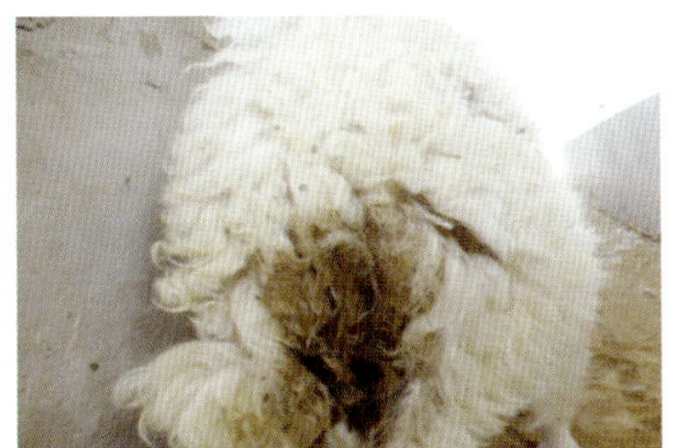

羊肠炎腹泻

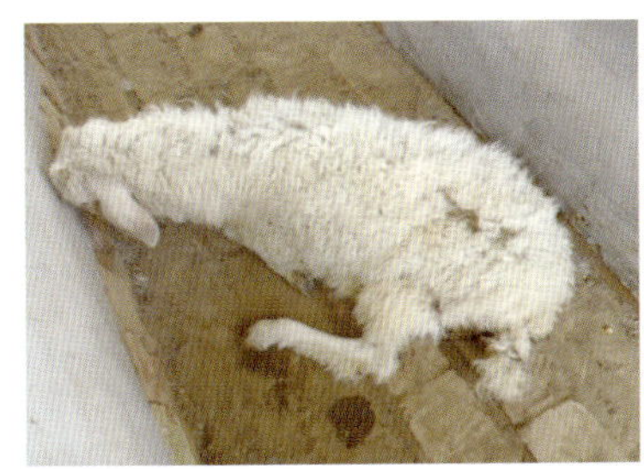

羊肠炎腹泻脱水引起衰竭卧地不起

正常玉米

霉变玉米

黄曲霉菌

镰刀菌

烟曲霉菌

青贮发霉

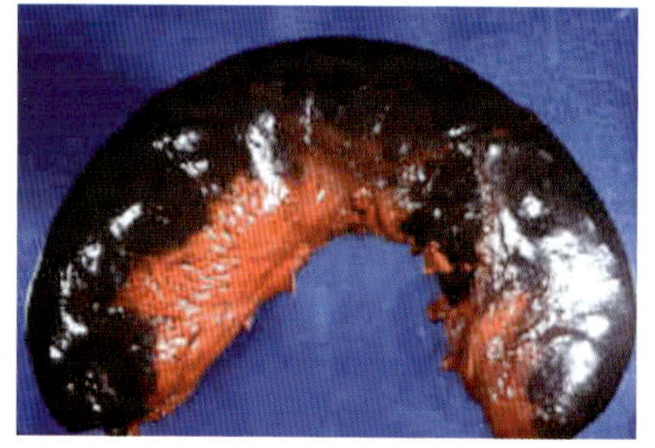

霉菌毒素中毒病小肠出血坏死

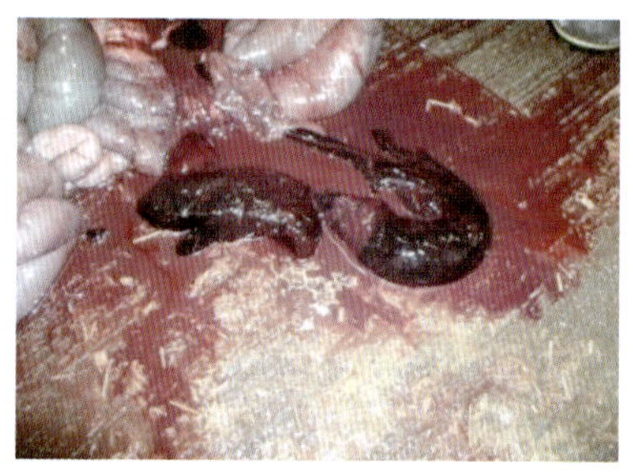

霉菌毒素中毒病凝血块

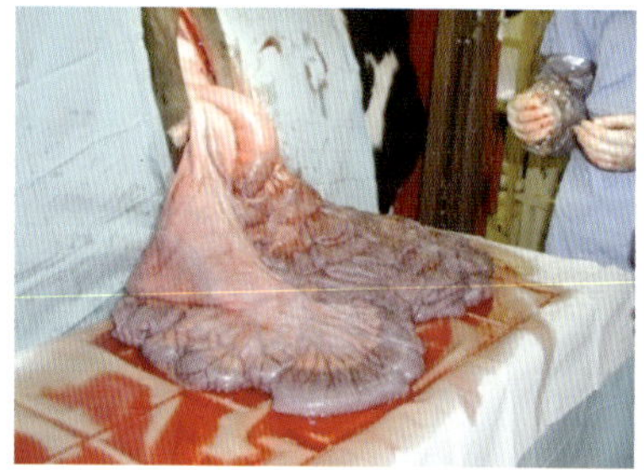

霉菌毒素中毒病小肠及肠系膜出血

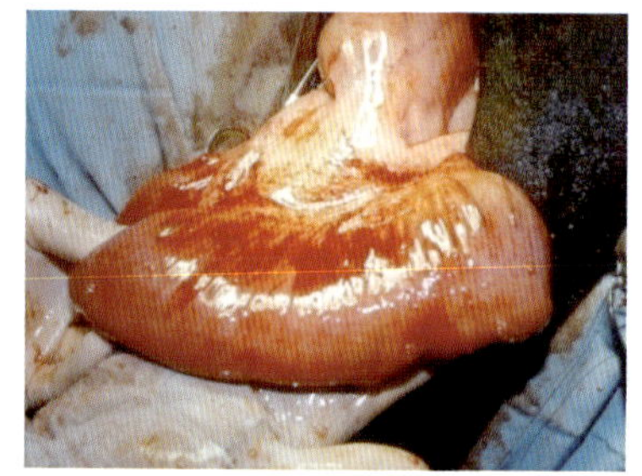

霉菌毒素中毒病小肠出血

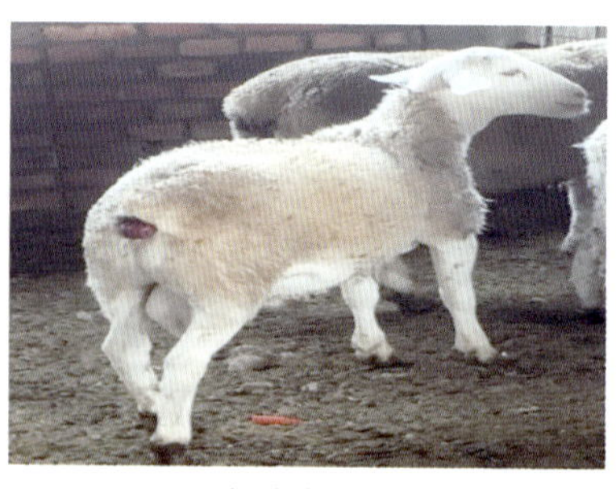

肉羊直肠脱

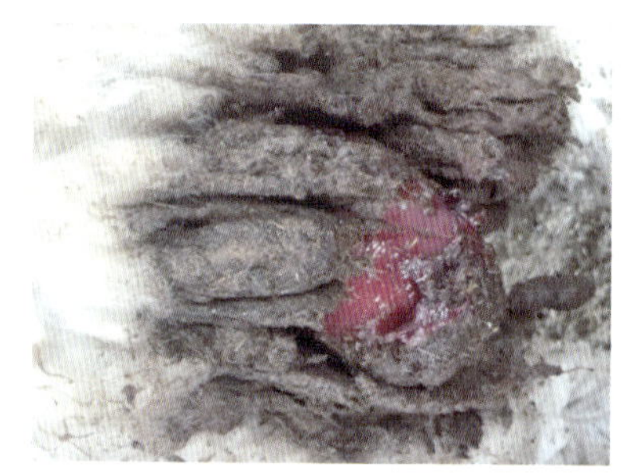

脱出直肠黏膜糜烂

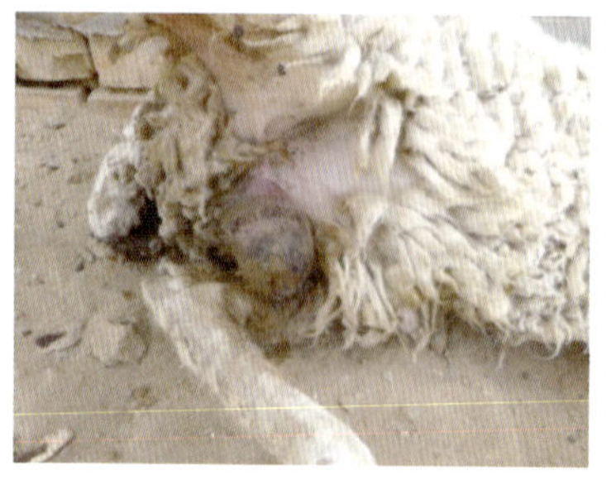

去势羊精索炎症

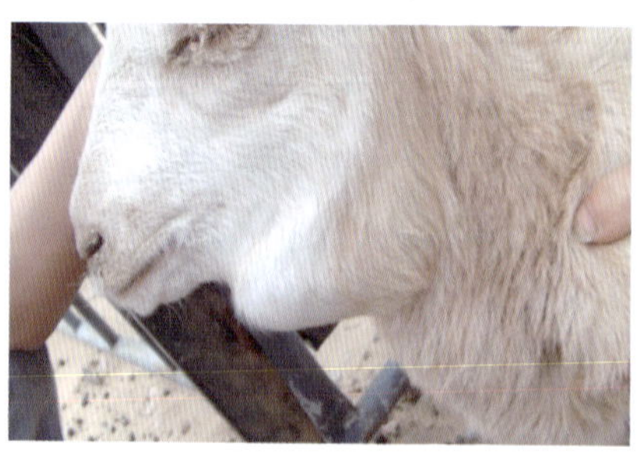

羊下颌脓肿并发齿槽骨膜炎

羊颈部皮肤螨虫

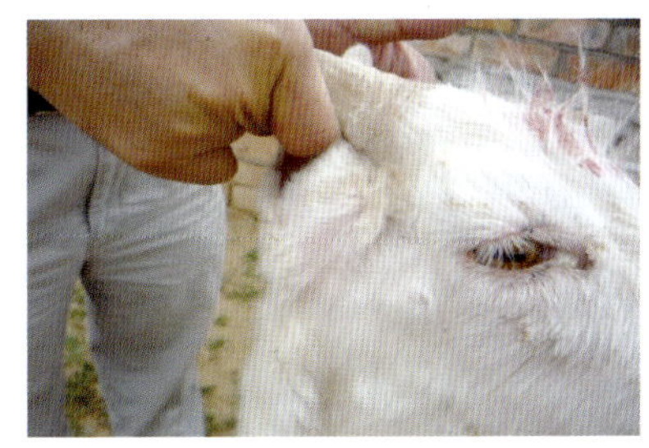

羊面部皮肤螨虫

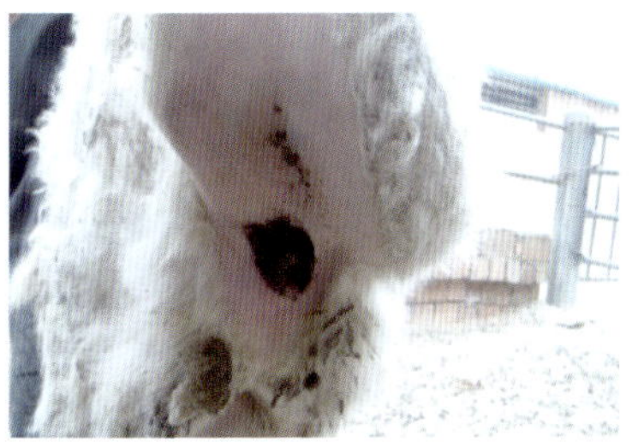

羊肛门周围绦虫虫卵

羊严重营养衰竭症、脱毛

羊乳腺炎

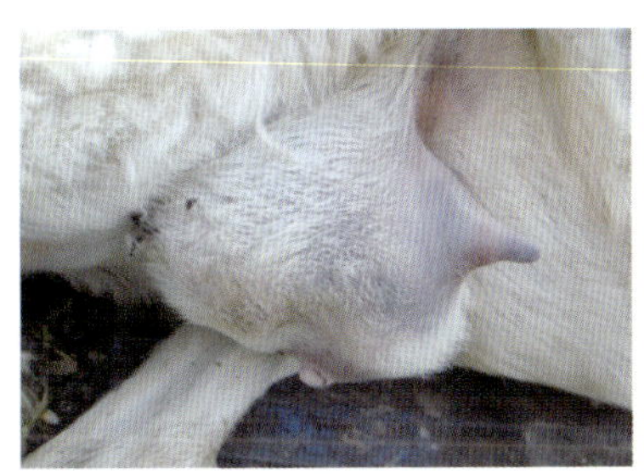

羊乳房坏疽

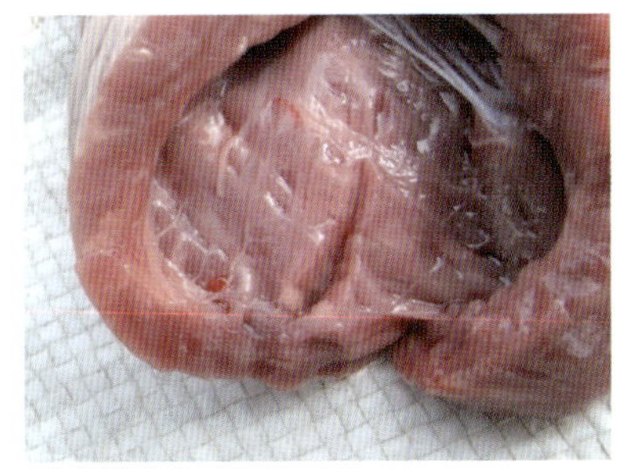

羔羊白肌病，心肌色浅、柔软，黄白色条纹

母羊产前瘫痪

羔羊关节炎

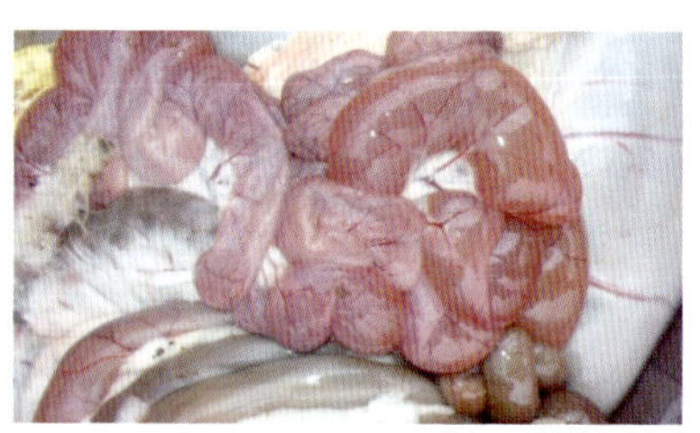

羔羊腹泻肠炎病变

玉米带棒青贮窖

青贮制作

紫花苜蓿

苜蓿半干包膜青贮

秸秆草颗粒

全混合草颗粒

青干草颗粒

苜蓿草颗粒

肉羊快速育肥与疾病防治

主　编　吴心华　刘艳娟
副主编　靳光秀　魏占军　沈明亮
参　编　张桂杰　杨国龙　杨　冲
　　　　马晓霞　康红梅　李菊兰

机　械　工　业　出　版　社

本书主要讲述了肉羊羊场的规划和建设、肉羊品种和杂交模式的选择、肉羊的繁殖，肉羊饲料调制技术、肉羊的营养需要与饲料配制、肉羊的饲养管理、肉羊快速育肥技术、肉羊疾病防治，并配以典型图片。

本书内容实用、重点突出，可供基层畜牧技术人员、肉羊养殖场（户）主和畜牧兽医工作者参考。

图书在版编目（CIP）数据

肉羊快速育肥与疾病防治/吴心华，刘艳娟主编. —北京：机械工业出版社，2017.4（2021.4 重印）
（经典实用技术丛书）
ISBN 978-7-111-55954-2

Ⅰ.①肉…　Ⅱ.①吴…②刘…　Ⅲ.①肉用羊-饲养管理②肉用羊-羊病-防治　Ⅳ.①S826.9②S858.26

中国版本图书馆 CIP 数据核字（2017）第 013097 号

机械工业出版社（北京市百万庄大街 22 号　邮政编码 100037）
策划编辑：周晓伟　郎　峰　责任编辑：周晓伟　孟晓琳
责任校对：郭明磊　　　　　封面设计：马精明
责任印制：孙　炜
保定市中画美凯印刷有限公司印刷
2021 年 4 月第 1 版第 3 次印刷
140mm×203mm · 6.25 印张 · 8 插页 · 176 千字
7001—8900 册
标准书号：ISBN 978-7-111-55954-2
定价：35.00 元

电话服务
客服电话：010-88361066
010-88379833
010-68326294

网络服务
机　工　官　网：www.cmpbook.com
机　工　官　博：weibo.com/cmp1952
金　　书　　网：www.golden-book.com
机工教育服务网：www.cmpedu.com

前言

肉羊育肥技术发展很快，从重视肉羊品种改良、优质粗饲料、精料补充料进行架子羊育肥和羔羊育肥，逐渐发展到从哺乳期开始饲喂颗粒料，断奶后全程饲喂全营养草颗粒，并且在其中添加酵母培养物、过瘤胃氨基酸等营养添加剂和瘤胃调控剂等，使肉羊舍饲育肥呈现出高效性、安全性和优质性。

随着肉羊育肥市场竞争日趋激烈，养殖户要想提高规模化肉羊育肥效益，一定要掌握肉羊的标准化生产、标准化规模养殖的意义、标准化生产与管理要求、品种良种化技术，同时严格执行科学的饲养管理操作规程，具备营养、饲养、繁殖、育种、兽医等专业技术及管理知识，还要有完整的羊档案记录，掌握生态、环保、安全、高效生产技术；一定要掌握肉羊的生产工艺流程、肉羊生产的技术指标、肉羊生产的成本核算方法，要了解肉羊的市场营销策略。

为进一步加强农民培训工作规范化、标准化、制度化建设，切实提高农民培训的针对性、实效性和科学化水平，根据大力培育新型职业农民部署要求和现代肉羊产业发展的实际需要，特编写了本书，重点面向基层畜牧技术人员、从事肉羊生产经营的专业大户、家庭牧场主、养殖合作社骨干、拟扩大肉羊生产经营规模的养殖户，以及有志从事肉羊生产的返乡农民工、退役军人和农村新生劳动力等。

本书主要讲述了肉羊羊场的规划和建设、肉羊品种和杂交模式的选择、肉羊的繁殖、肉羊饲料调制技术、肉羊的营养需要与饲料配制、肉羊的饲养管理、肉羊快速育肥技术、肉羊疾病防治，并配以典型图片。本书图文并茂、重点突出、便于识别、容易掌握。

需要特别说明的是，本书所用药物及其使用剂量仅供读者参考，不可照搬。在生产实际中，所用药物学名、常用名和实际商品名称有差异，药物浓度也有所不同，建议读者在使用每一种药物之前，参阅厂家提供的产品说明以确认药物用量、用药方法、用药时间及禁忌等。购买兽药时，执业兽医有责任根据经验和对患病动物的了解决定用药量及选择最佳治疗方案。

在本书编写过程中得到了宁夏大学、宁夏大北农科技实业有限公司、灵武市农牧局、灵武市科技局、吴忠市科技局等单位和许多同志的支持与帮助，不少同仁还提供了珍贵的照片，在此一并致谢。由于时间仓促，加之编者水平有限，书中错误和缺点在所难免，恳请广大读者提出宝贵意见。

编　者

目录

前言

第一章　羊场的规划和建设

第一节　羊场的规划 ………… 1
第二节　羊舍建造的基本要求 ………… 2
一、标准化羊舍建造的基本要求 ………… 2
二、羊舍类型及建筑标准 …… 2
三、羊舍的建筑面积 ………… 3
四、饲槽和饮水槽 ………… 3
五、运动场及围栏 ………… 4
六、饲草储备 ………… 4
七、饲料加工设施设备 …… 4
第三节　规模化羊场生物安全体系的建设 ………… 4
一、隔离 ………… 5
二、生物安全通道 ………… 5
三、消毒 ………… 6
四、人员管理 ………… 9
五、物流管理 ………… 11

第二章　肉羊品种和杂交模式的选择

第一节　国内外主要肉羊品种及特征 ………… 13
一、中国羊品种 ………… 13
二、国外主要优良肉羊品种 ………… 16
第二节　肉羊的杂交改良 …… 20
一、肉羊品种培育 ………… 20
二、肉羊培育模式 ………… 20
三、肉羊杂交效益分析 …… 24
四、山羊肉羊杂交 ………… 26

第三章　肉羊的繁殖

第一节　肉羊的繁殖特性 …… 28
一、性成熟与初配年龄 …… 28
二、发情 ………… 29
三、排卵和妊娠 ………… 29

四、发情鉴定 …………… 30
五、配种 …………… 31
第二节 人工授精技术 ……… 31
一、试情公羊的准备 ……… 31
二、授精操作技术 ……… 31
三、输精时间 …………… 32
四、配种效果检查 ……… 32
第三节 妊娠与分娩 ……… 33
一、妊娠期诊断 ……… 33
二、分娩预兆 …………… 33
三、产羔前准备工作 ……… 33
四、母羊分娩 …………… 34
五、产后母羊的护理 ……… 35
六、羔羊的护理 ……… 35
第四节 繁殖新技术的应用 ……… 36
一、诱导发情技术 ……… 36
二、同期发情技术 ……… 36
三、超数排卵技术 ……… 36
四、克隆技术（胚胎或体细胞） ……… 37
五、胚胎移植技术 ……… 37
六、早期断奶技术 ……… 37
七、一胎多羔技术 ……… 38

第四章 肉羊饲料调制技术

第一节 青干草的调制 ……… 39
一、青干草调制过程中营养物质变化规律 ……… 39
二、青干草调制的方法 ……… 40
第二节 粗饲料的制备 ……… 41
一、青贮饲料 …………… 42
二、秸秆饲料的调制 ……… 43
第三节 其他饲料的制备 ……… 44
一、饲草饲料的制备 ……… 44
二、草颗粒制作 …………… 45

第五章 肉羊的营养需要与饲料配制

第一节 肉羊的消化生理特点 ……… 46
一、羊主要器官及功能 ……… 46
二、瘤胃微生物与消化特点 ……… 47
第二节 肉羊的营养需要 ……… 49
一、干物质的采食量 ……… 49
二、蛋白质的需要量 ……… 50
三、能量的需要量 ……… 51
四、脂肪的需要量 ……… 52
五、维生素的需要量 ……… 52
六、矿物质的需要量 ……… 52
第三节 肉羊饲养标准与日粮配方 ……… 53
一、肉羊饲养标准 ……… 53
二、肉羊的日粮配合 ……… 54
三、日粮配方推荐 ……… 55
第四节 育肥羊常用添加剂和营养调控剂 ……… 58
一、营养添加剂 ……… 58

二、微量元素 …………………… 60
三、营养调控剂 …………… 61

第六章 肉羊的饲养管理

第一节 种公羊的饲养管理 … 64
一、非配种期的饲养管理 … 65
二、配种期的饲养管理 …… 65
第二节 繁殖母羊的饲养管理……………………… 65
一、空怀期的饲养管理 …… 66
二、妊娠期的饲养管理 …… 66
三、哺乳期的饲养管理 …… 67
四、繁殖母羊饲喂模式及存在的问题 …………… 67
第三节 羔羊和育成羊的饲养管理 ……………… 69
一、羔羊的饲养管理 ……… 69
二、育成羊的饲养管理 …… 70
第四节 肉羊的一般管理 …… 71

第七章 肉羊快速育肥技术

第一节 异地舍饲育肥技术方案 …………… 73
一、选择羊……………………… 73
二、运输及饲草饲料储备 … 75
三、饲养管理………………… 75
四、疫病防控………………… 75
五、购入流程………………… 75
第二节 异地舍饲育肥常见问题 …………… 76
一、疫病多发………………… 77
二、肉质下降………………… 77
三、用药盲目………………… 78
四、粗饲料缺乏 …………… 78
第三节 异地舍饲育肥关键技术 …………… 78
一、育肥前的准备工作 …… 79
二、预饲期的准备工作 …… 79
三、快速育肥期的工作重点 ………………… 82
第四节 羔羊育肥技术 ……… 85
一、羔羊肉的生产特点及原理 ………………… 85
二、羔羊肉的生产方式 …… 85
第五节 成年羊育肥技术 …… 90
一、育肥方式………………… 90
二、饲养管理………………… 91

第八章 肉羊疾病防治

第一节 常见传染病防治 …… 93
一、梭菌性疾病 …………… 93
二、羊炭疽…………………… 97
三、大肠杆菌病 ………… 100
四、沙门氏菌病 ………… 102
五、巴氏杆菌病 ………… 103

六、结核病 …………… 104
七、布鲁氏菌病 ………… 106
八、破伤风 ……………… 109
九、李氏杆菌病 ………… 110
十、传染性胸膜肺炎 …… 110
十一、羊传染性脓疱 …… 112
十二、羊痘 ……………… 113
十三、口蹄疫 …………… 115
十四、蓝舌病 …………… 116
十五、小反刍兽疫 ……… 117
第二节　常见寄生虫病防治 … 119
一、肝片吸虫 …………… 119
二、肺丝虫 ……………… 120
三、钩虫 ………………… 121
四、捻转胃虫病 ………… 121
五、螨虫 ………………… 122
六、绦虫 ………………… 122
七、羊鼻蝇蛆 …………… 123
八、羊脑多头蚴 ………… 124
第三节　羊常见营养代谢病防治 …………… 125
一、黄脂肪病 …………… 125
二、尿结石 ……………… 127
三、异嗜癖 ……………… 130
四、羔羊白肌病 ………… 132
五、铜缺乏症 …………… 133
六、母羊瘫痪 …………… 134
七、营养衰竭症 ………… 135
八、镁缺乏症 …………… 136
九、维生素 A 缺乏症 …… 138
十、维生素 D 缺乏症 …… 139
第四节　常见中毒病防治 …… 140
一、棉籽饼粕中毒 ……… 140
二、菜籽饼中毒 ………… 141
三、酒糟中毒 …………… 142
四、淀粉渣中毒 ………… 142
五、霉麦芽根中毒 ……… 143
六、亚硝酸盐中毒 ……… 143
七、马铃薯中毒 ………… 144
八、氢氰酸中毒 ………… 145
九、有毒植物中毒 ……… 146
十、敌百虫中毒 ………… 149
十一、有机氯农药中毒 …… 150
十二、尿素中毒 ………… 151
十三、黄曲霉毒素中毒 …… 152
十四、氟中毒 …………… 153
十五、食盐中毒 ………… 154
第五节　常见普通病防治 …… 155
一、前胃弛缓 …………… 155
二、瘤胃积食 …………… 156
三、瘤胃臌气 …………… 157
四、瘤胃酸中毒 ………… 158
五、肠痉挛 ……………… 159
六、胃肠炎 ……………… 159
七、羔羊腹泻 …………… 160
八、感冒 ………………… 161
九、肺炎 ………………… 161
十、子宫脱出 …………… 162
十一、难产 ……………… 162
十二、精索炎 …………… 163
十三、关节炎与关节周围炎 …………… 164
十四、乳腺炎 …………… 164
十五、下颌脓肿 ………… 164

十六、瘤胃运输应激
综合征 …………… 165
十七、腹水症 …………… 165
十八、脱肛 …………… 165
十九、脑膜脑炎 ………… 166
二十、胎衣不下 ………… 167
二十一、子宫内膜炎 …… 168
二十二、流产 …………… 168
二十三、卵巢功能减退 …… 171
二十四、持久黄体 ……… 171
二十五、卵巢囊肿 ……… 172

附录

附录 A 羊口蹄疫、羊痘、布鲁氏菌病免疫技术及免疫程序 ……………… 174
附录 B 羊口蹄疫、羊痘、布鲁氏菌病监测技术 ……… 179
附录 C 羊口蹄疫、羊痘、布鲁氏菌病控制、净化技术实施程序…………… 182
附录 D 羊异地舍饲育肥技术 ……………… 184
附录 E 常见计量单位名称与符号对照表………… 188

参考文献

第一章
羊场的规划和建设

第一节　羊场的规划

肉羊场要根据当地气候条件、地形地势、周围环境特点、饲养规模、生产工艺流程等进行设计和规划。

肉羊场场址要根据地势、交通、水电、饲草料资源、防疫、环境生态等进行选择。肉羊场一般应选择在地势高燥、通风向阳、排水方便和粗饲料资源丰富的地方。

肉羊场要进行合理的场区布局，场区划分为生产区、生活区、管理区、隔离区，净道与污道分开（图1-1）。

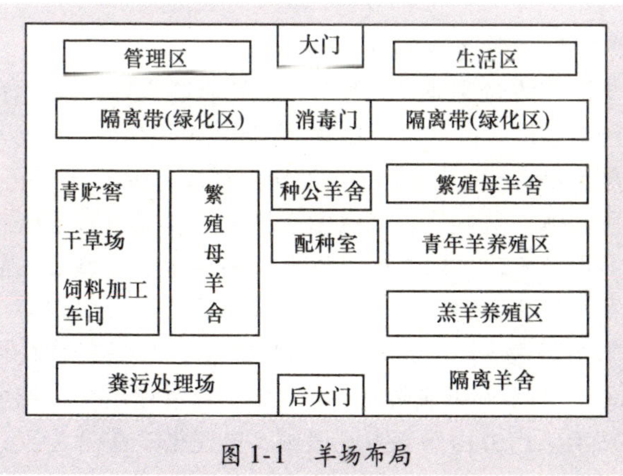

图1-1　羊场布局

一般建议生活区与生产区分离。生产区与风向平行，一侧分别建设饲草料棚、青贮窖，下风向建设粪污处理场。

羊舍要建在管理区和生活区的下风向，屋角对着冬、春季的主风向。羊舍地面要高出舍外地面20cm以上，建筑材料应就地取材，总的要求是坚固、保暖和通风良好。羊舍要具备通风良好、冬暖夏凉、干燥卫生的休息睡眠场所，并且要在羊舍外修建面积大于羊舍面积2~4倍的运动场，以利于羊只活动和进行日光浴，保证羊只的健康和生长需要，而且有利于圈养羊规模养殖和集约化管理。

第二节　羊舍建造的基本要求

一　标准化羊舍建造的基本要求

为有效防止疾病发生，提高羊的成活率和增重速度，根据羊只生活习性和达到获得优质产品的目的，应考虑为羊群建造冬暖夏凉的圈舍。寒冷地区的羊舍宜建在避风向阳的地方，炎热多雨地区的羊舍宜建在高燥通风之处。羊舍一般坐北朝南，墙体是砖混结构，屋架是木梁的三角结构，屋面是瓦椽结构。整个结构有利于夏天通风、冬天保暖。羊舍的长度不超过40m，羊舍宽为5m，双列式的宽为7.5m，三列式的宽为10m。羊舍要有换气窗。舍内通道宽度可根据实际需要设置，一般为1.2~2.5m。地面一般为砖地，需高出舍外地面20~30cm。

二　羊舍类型及建筑标准

育肥羊适宜的温度是15~28℃，过高或过低均会影响育肥效果。羊舍建筑按屋顶形式可分为单坡式、双坡式及拱形等。通常单坡密闭式羊舍适合北方较寒冷地区，前高2.5m，后高2.0m，进深6~7m，长度可根据所容纳羊数确定。半敞棚式羊舍适合北方较温暖地区，羊舍建筑仿照单坡式，不同之处是后斜坡面为永久性棚舍，前半顶为拱形塑料薄膜顶，拱的材料多为钢筋或钢管，也可用竹竿，夏季去掉薄膜成为敞棚式羊舍，一般中梁高为2.5m，后墙高为2.0m，前墙高为1.2m，山墙上部砌成斜坡。据测定，这种棚的舍内温度比舍外高4.6~5.9℃。南方由于潮湿、多雨，以建楼式羊舍为宜，舍内高

为2m，门宽为1m，羊舍窗户设在向阳的一侧，距地面1.5m以上，羊舍墙高为1.2m；上面敞开式安玻璃窗朝外开，利于调节室内空气和温度；楼台离地面0.8~1.5m，舍下地面呈45°斜向外舍，以利于粪尿流入粪池；羊舍长度依据饲养羊只规模和场地而定，最好隔成4m×3m规格的若干小间，以便羊群饲养管理。

三 羊舍的建筑面积

羊舍面积根据羊只类别、品种、性别、年龄、生理状况和当地气候等不同，要求也不一样，在建筑时可参考表1-1标准。

表1-1　羊舍及运动场面积参考值

类　别	面积/(m^2/只)	备　注
生产母羊舍建筑面积	1.2	产羔舍按基础母羊占地面积的20%~25%计算
生产母羊运动场面积	2.4	运动场面积一般为羊舍面积的1.5~3倍，或成年羊运动场面积可按4m^2/只计算
育肥羊舍建筑面积	1.0	
育肥羊运动场面积	2.0	
育成母羊舍建筑面积	0.7~0.8	
3~4月龄羔羊占舍面积	0.24	每舍20只羊为宜
种公羊舍建筑面积	2.0~2.05	每舍4~6只羊为宜
育成公羊舍建筑面积	0.7~1.0	

四 饲槽和饮水槽

饮水要安全卫生。成年母羊和羔羊舍饲需水量分别为10L/(只·天)和5L/(只·天)。冬季要饮温热水。饲槽是供羊只补饲之用，可分为移动式和固定式两种。规模大的羊场或专业户应建固定式饲槽，槽底宽20cm，上口宽30cm，高20cm，呈U形，长度根据饲养数量而定。个体户或饲养数量少的农户可以采用移动式饲槽。饮水槽可用砖、水泥砌成，或用钢板焊制而成。

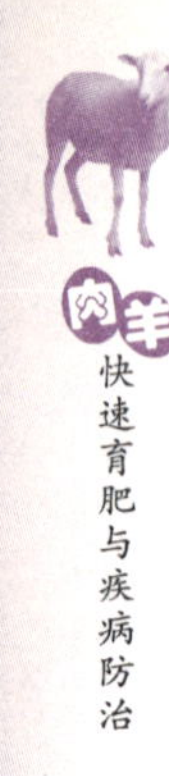

五 运动场及围栏

运动场是供羊只活动的场所，运动场面积一般为羊舍面积的2～4倍。成年羊运动场面积可按4m²/只修建，场地应有一定坡度，有利于排水，保持场地干燥。围墙可用砖砌成24cm宽、1.2m高的砖墙，隔墙可用钢筋或钢管焊制，也可用木棒留8～12cm间隙做成栅栏，原则是不让羊只钻出。

六 饲草储备

每只羊的日补饲量可按干草2.0～3.0kg来预估，育成羊、羔羊分别按成年羊的75%、25%计算，表1-2为舍饲羊主要日粮储备参考标准。

表1-2 舍饲羊主要日粮储备参考标准

［单位：kg/(天·只)］

种　类	生产母羊	后备母羊	育肥成年羊	育肥羔羊
混合干草	2.0	1.5	1.5	1.0
青贮玉米	1.5	1.0	3.0	2.0
各类精饲料	0.3	0.25	0.4	0.5

七 饲料加工设施设备

（1）铡草机 用于切碎玉米秸秆。

（2）粉碎机 用于粉碎小麦秸秆、苜蓿等。

（3）搅拌机 用于拌和饲料原料。

（4）制粒机 制作秸秆颗粒饲料。

（5）TMR机 用于制作全混合日料的机械，分为移动式和落地式两种。

（6）颗粒机 用于将粉碎的粗饲料压制成颗粒的机械。

第三节 规模化羊场生物安全体系的建设

羊场生物安全体系在保证羊的健康中起着决定性作用，同时也可最大限度地减少养殖场对周围环境的不利影响。羊场生物安全体系包括隔离、生物安全通道、消毒、动物免疫、健康监测、畜群净化、人员管理、物流管理等要素。

一 隔离

隔离措施主要包括空间距离隔离和设置隔离屏障。

（1）空间距离隔离 羊场场址应选择在地势高燥、水质良好、排水方便的地方，远离交通干线和居民区 1000m 以上，距离其他饲养场 1500m 以上，距离屠宰场、畜产品加工厂、垃圾及污水处理厂 2000m 以上。

根据生物安全要求的不同，羊场区划分为生产区、管理区和生活区，各个功能区之间的间距不少于 50m，栋舍之间距离不应少于 10m。

（2）设置隔离屏障 隔离屏障包括围墙、围栏、防疫壕沟、绿化带等。养殖场应设有围墙或围栏，将养殖场从外界环境中明确地划分出来，并起到限制场外人员、动物、车辆等自由进出养殖场的作用。围墙外建立绿化隔离带，场门口设警示标志。

生产区、管理区和生活区之间设围墙或建立绿化隔离带。

在远离生产区的下风口（向）区建立隔离观察室，四周设隔离带，重点对疑似病畜进行隔离观察。有条件的养殖场建立真正意义上的、各方面都独立运作的隔离区，重点对新进场动物、外出归场的人员、购买的各种原料、周转物品、交通工具等进行全面的消毒和隔离。

二 生物安全通道

生物安全通道有两方面的含义，一是进出养殖场必须经由生物安全通道，二是通过生物安全通道进出养殖场可以保证生物安全。

1）养殖场应尽量减少出入通道，最好场区、生产区和动物舍只保留一条经常出入的通道。

2）生物安全通道要设专人把守，限制人员和车辆进出，并监督人员和车辆执行各项生物安全制度。

3）设置必要的生物安全设施，包括符合要求的消毒池、消毒通道、装有紫外灯的更衣室等。

4）场区道路尽可能实现硬化，净道和污道分开且互不交叉。

三 消毒

1. 预防性消毒

（1）环境消毒 养殖场周围及场内污水池、粪收集池、下水道出口等设施每月应消毒1次。养殖场大门口应设消毒池，消毒池的长度为4.5m以上、深度为20cm以上，在消毒池上方最好建顶棚，防止日晒雨淋，每半月更换消毒液1次。羊舍周围环境每半月消毒1次。如果为全舍饲养殖，则在羊舍入口处设长度为1.5m以上、深度为20cm以上的消毒槽，每半月更换1次消毒液；如果为放牧+舍饲的养殖方式，则羊舍入口处可不设消毒槽，羊舍内每半月消毒1次。

（2）人员消毒 工作人员进入生产区要更换清洁的工作服和鞋、帽；工作服和鞋、帽应定期清洗、更换，清洗后的工作服晒干后应用消毒药剂熏蒸消毒20min，工作服不准穿出生产区。工作人员的手用肥皂洗净后浸于消毒液（如0.2%柠檬酸、洗必泰、新洁尔灭等溶液）内3～5min，清水冲洗后抹干，然后穿上生产区的水鞋或其他专用鞋，通过脚踏消毒池或经漫射紫外线照射5～10min后再进入生产区。

（3）圈舍消毒 圈舍的全面消毒按羊群排空、清扫、洗净、干燥、消毒、再干燥、再消毒顺序进行。

在羊群出栏后，圈舍要先用3%～5%氢氧化钠溶液或常规消毒液进行1次喷洒消毒，可加用杀虫剂，以杀灭寄生虫和蚊蝇等。

对排风扇、通风口、天花板、横梁、吊架、墙壁等部位的积垢进行清扫，然后清除所有垫料、粪肥，清除的污物进行集中处理。

经过清扫后，用喷雾器或高压水枪由上到下、由内向外将圈舍冲洗干净。对较脏的地方，可先进行人工刮除，要注意对角落、缝隙、设施背面进行冲洗，做到不留死角。

圈舍经彻底洗净干燥，再经过必要的检修维护后即可进行消毒。首先用2%氢氧化钠溶液或5%甲醛溶液喷洒消毒。为了提高消毒效果，一般要求使用2种以上不同类型的消毒药进行至少3次消毒（建议消毒顺序：甲醛→氯制剂→复合碘制剂→熏蒸），喷雾消毒要使消毒对象表面湿润挂水珠。在完成所有清洁和消毒步骤后，保持

不少于2周的空舍时间。羊群进圈前5~6天对圈舍的地面、墙壁用2%氢氧化钠溶液彻底喷洒，24h后用清水冲刷干净，再用常规消毒液进行喷雾消毒。

(4) 用具及运载工具消毒 出入圈舍的车辆、工具定期进行严格消毒，可采用紫外线照射或消毒药喷洒消毒，然后放入密闭室内用福尔马林熏蒸消毒30min以上。

(5) 带畜消毒 带畜消毒的关键是要选用杀菌（毒）作用强而对羊群无害，对塑料、金属器具腐蚀性小的消毒药，常可选用0.3%过氧乙酸、0.1%次氯酸钠、菌毒敌、百毒杀等。

选用高压动力喷雾器或背负式手摇喷雾器，将喷头高举空中，喷嘴向上以画圆圈方式先内后外逐步喷洒，使药液如雾一样缓慢下落。要喷到墙壁、屋顶、地面，以均匀湿润和羊体表稍湿为宜，不得对羊群直喷，雾粒直径应控制在80~120μm之间，同时与通风换气措施配合起来。

2. 紧急消毒

紧急消毒是在羊群发生传染病或受到传染病的威胁时采取的预防措施，具体方法是首先对圈舍内外消毒后再进行清理和清洗。将羊舍内的污物、粪便、垫料、剩料等各种污物清理干净，并做无害化处理。所有病死羊只、被扑杀的羊只及其产品、排泄物，以及被污染或可能被污染的垫料、饲料和其他物品应当进行无害化处理。无害化处理可以选择深埋、焚烧等方法，饲料、粪便也可以堆积密封发酵或焚烧处理。羊舍墙壁、地面、笼具，特别是屋顶木架等，用消毒液进行喷雾或喷洒消毒。对金属笼具等设备可采取火焰消毒。对所有可能被污染的运输车辆、道路应严格消毒，车辆内外所有角落和缝隙都要用消毒液消毒后再用清水冲洗，不留死角。车辆上的物品也要做好消毒工作。参加疫病防控的各类工作人员，包括穿戴的工作服、鞋、帽及器械等都应进行严格的消毒，消毒方法可采用消毒液浸泡、喷洒、洗涤等。消毒过程中所产生的污水应做无害化处理。

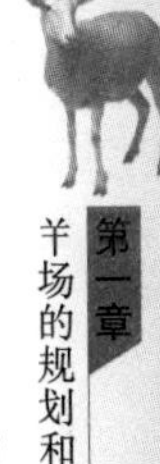

3. 药物选择

养殖场应根据生产实践，结合羊场防控其他动物疫病的需要，

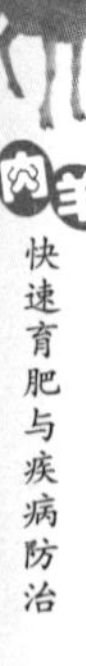

选择使用药物。常用消毒药的使用范围及方法如下：

（1）氢氧化钠（烧碱、火碱、苛性钠） 对细菌和病毒均有强大杀灭力，对细菌芽孢、寄生虫卵也有杀灭作用；常用2%～3%的溶液来消毒出入口、运输用具、料槽等；但对金属、油漆物品均有腐蚀性，用清水冲洗后方可使用。

（2）石灰乳 先用生石灰与水按1:1比例制成熟石灰后再用水配成10%～20%的混悬液用于消毒，对大多数繁殖型病菌有效，但对芽孢无效。可通过涂刷圈舍墙壁、畜栏和地面达到消毒目的。应该注意的是单纯生石灰没有消毒作用，石灰乳长时间放置会从空气中吸收二氧化碳变成碳酸钙，消毒作用失效。

（3）过氧乙酸 市场出售的为20%的溶液，有效期为半年，杀菌作用快而强，对细菌、病毒、霉菌和芽孢均有效；现配现用，常用0.3%～0.5%剂量做喷洒消毒。

（4）次氯酸钠 用0.1%的剂量带畜禽消毒，常用0.3%剂量做羊舍和器具消毒，宜现配现用。

（5）漂白粉 含有效氯25%～30%，用5%～20%混悬液对圈舍、饲槽、车辆等喷洒消毒，也可用干粉末撒地。对饮水消毒时，每100L水加1g漂白粉，30min后即可饮用。

（6）强力消毒灵 它是目前最新、效果最好的杀毒灭菌药。特点为强力，广谱，速效，对人畜无害，无刺激性与腐蚀性，可带畜禽消毒。只需万分之十的剂量，便可以在2min内杀灭所有致病菌和支原体，用0.05%～0.1%的剂量在5～10min内可将病毒和支原体杀灭。

（7）新洁尔灭 以0.1%的剂量消毒手，或浸泡5min消毒皮肤、手术器械等用具。0.01%～0.05%溶液用于黏膜（子宫、膀胱等）及深部伤口的冲洗。忌与肥皂、碘、高锰酸钾、碱等配合使用。

（8）百毒杀 配制成万分之三或相应的剂量，用于圈舍、环境、用具的消毒。本品低浓度杀菌，具有持续7天的杀菌效力，是一种较好的双链季铵盐类广谱杀菌消毒剂，无色、无味、无刺激性和无腐蚀性。

（9）粗制的福尔马林 福尔马林为含37%～40%甲醛的水溶

液，有广谱杀菌作用，对细菌、真菌、病毒和芽孢等均有效，在有机物存在的情况下也是一种良好消毒剂；缺点是具有刺激性气味，对羊群和人影响较大。常以2%～5%的水溶液喷洒墙壁、羊舍地面、料槽及用具消毒；也用于羊舍熏蒸消毒，按$1m^3$空间用福尔马林30mL，加高锰酸钾15g，室温不低于15℃，相对湿度为70%，关好所有门窗，密封熏蒸12～24h，消毒完毕后打开门窗，除去气味即可。

4. 消毒注意事项

1）养殖场环境卫生消毒。在生产过程中保持内外环境的清洁非常重要，清洁是发挥良好消毒作用的基础。养殖场区要求无杂草、垃圾；场区净道、污道分开；道路硬化，两旁有排水沟；沟底硬化，不积水；排水方向从清洁区流向污染区。

2）熏蒸消毒圈舍时，舍内温度保持在18～28℃，空气中的相对湿度达到70%以上才能很好地起到消毒作用。盛装药品的容器应耐热、耐腐蚀，容积应不小于福尔马林和水总容积的3倍，以免福尔马林沸腾时溢出使人灼伤。

3）根据不同消毒药物的消毒作用、特性、成分、原理、使用方法及消毒对象、目的、疫病种类，选用两种或两种以上的消毒剂交替使用，但更换频率不宜太高，以防相互间产生化学反应，影响消毒效果。

4）消毒操作人员要佩戴防护用品，以免消毒药物刺激眼、手、皮肤及黏膜等。同时也应注意避免消毒药物伤害动物及物品。

5）消毒剂稀释后稳定性变差，不宜久存，应现用现配，一次用完。配制消毒药液应选择杂质较少的深井水或自来水。寒冷季节水温要高一些，以防水分蒸发引起家畜受凉而患病；炎热季节水温要低一些并选在气温最高时，以便消毒同时起到防暑降温的作用。喷雾用药物的浓度要均匀，对不易溶于水的药应充分搅拌使其溶解。

6）生产区门口及各圈舍前消毒池内药液应定期更换。

四 人员管理

1. 人员行为规范

1）进入养殖场的所有人员，一律先经过门口脚踏消毒池（垫）、

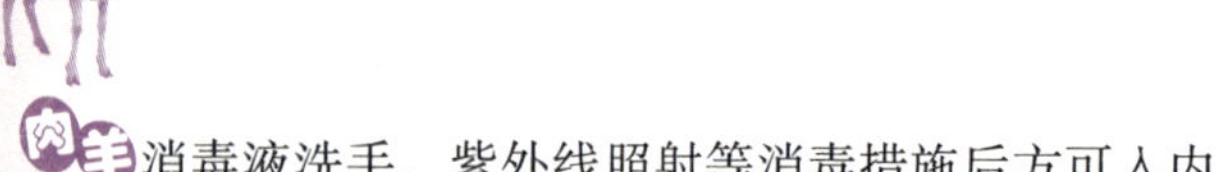

消毒液洗手、紫外线照射等消毒措施后方可入内。

2）所有进入生产区的人员按指定通道出入，必须坚持“三踩一更”的消毒制度。即：场区门前消毒池（垫）、更衣室更衣和消毒液洗手、生产区门前消毒池及各动物舍门前消毒池（盆）消毒后方可入内。条件具备时要先沐浴再更衣和消毒才能入内。

3）外来人员禁止入内，并谢绝参观。若生产或业务需要，经消毒后在接待室等候，借助录像了解情况。若系生产需要（如专家指导），也必须严格按照生产人员入场时的消毒程序消毒后入场。

4）任何人不准带食物入场，更不能将生肉及含肉制品的食物带入场内，场内职工和食堂均不得从市场采购肉品。

5）在场技术员不得到其他养殖场进行技术服务。

6）养殖场工作人员不得在家自行饲养易感染口蹄疫病毒的偶蹄动物。

7）饲养人员各负其责，一律不准串区窜舍，不互相借用工具。

8）不得使用国家禁止的饲料、饲料添加剂及兽药，严格落实休药期规定。

2. 管理人员职责

1）负责对员工和日常事务的管理。

2）组织各环节、各阶段的兽医卫生防疫工作。

3）监督养殖场生产、卫生防疫等管理制度的实施。

4）依照兽医卫生法律法规要求，组织淘汰无饲养价值、怀疑有传染病的羊，并进行无害化处理。

3. 技术人员职责

1）协助管理人员建立养殖场卫生防疫工作制度。

2）根据养殖场的实际情况，制定科学的免疫程序和消毒、检疫、驱虫等工作计划，并参与组织实施。

3）及时做好免疫、监测工作，如实填写各项记录，并及时做好免疫效果的分析。

4）发现疫病、异常情况及时报告管理人员，并采取相应预防控制措施。

5）协助、指导饲养人员和后勤保障人员做好羊群进出、场舍消

毒、无害化处理、兽药和生物制品购进及使用、疫病诊治、记录记载等工作。

4. 饲养人员职责

1）认真执行养殖场饲养管理制度。

2）经常保持（羊）舍及环境的干净卫生，做好工具、用具的清洁与保管，做到定时消毒。

3）细致观察饲料有无变质，注意观察羊采食和健康状态，排粪有无异常等，发现不正常现象，及时向兽医报告。

4）协助技术人员做好防疫、隔离等工作。

5）配合技术人员实施日常监管和抽样。

6）做好每天生产详细记录，及时汇总，按要求及时向上汇报。

5. 后勤保障人员职责

1）门卫做好进、出人员的记录；定期对大门外消毒池进行清理、更换工作；检查所有进出车辆的卫生状况，认真冲洗并做好消毒。

2）采购人员做好原料采购，原料要在非疫区进行，原料到场后交付工作人员在专用的隔离区进行消毒。

五 物流管理

有效的物流管理可以切断病原微生物的传播。

1）养殖场内羊群、物品按照规定的通道和流向流通。

2）养殖场应坚持自繁自养，必须从外场引进种羊时，要确认产地为非疫区，引进后隔离饲养 14 天，进行观察、检疫、监测、免疫，确认为健康后方可并群饲养。

3）圈（舍）实行全进全出制度，出栏后，圈（舍）要严格进行清扫、冲洗和消毒，并空圈 14 天以上方可进畜。

4）羊群出场时要对羊的免疫情况进行检查并做临床观察，无任何传染病、寄生虫病症状迹象和伤残情况方可出场，严格禁止带病羊出场；运输工具及装载器具经消毒处理，才可带出。

5）杜绝同外界业务人员的近距离接触，杜绝使用经营商送上门的原料；养殖场采购人员应向由农业部颁发生产经营许可证的饲料生产企业采购饲料和饲料添加剂。严禁使用残羹剩饭饲喂动物。

6）限制采购人员进入生产区，购回后交付其他工作人员存放、消毒方可入场使用。

7）所有废弃物进行无害化处理，达标后才能排放。病羊尸体、皮毛的处理按 GB 16548—2006 的规定执行。目前病羊尸体多采用掩埋法处理，应选择离羊场 100m 之外的无人区，找土质干燥、地势高、地下水位低的地方挖坑，坑底部撒上生石灰，再放入尸体，放一层尸体撒一层生石灰，最后填土夯实。

第二章 肉羊品种和杂交模式的选择

第一节 国内外主要肉羊品种及特征

一 中国羊品种

1. 滩羊

滩羊是宁夏地方优良品种，主要集中分布于宁夏的银川市、石嘴山市和吴忠市所辖县、区，以及甘肃、内蒙古地区的荒原上。

滩羊属短脂尾羊，是我国珍贵的裘皮羊品种，所产二毛裘皮独具一格。羊毛富光泽和弹性，为纺织提花毛毯的优质原料。体质坚实，适应荒漠、半荒漠地区条件。公羊体重为47kg，母羊体重为35kg。

羊毛品质，被毛由髓毛组成。毛长，公羊为11.2cm，母羊为8.9cm。剪毛量，公羊为1.6~2.0kg，母羊为1.3~1.8kg。羊毛细度，无髓毛为17μm，有髓毛为26.6μm。净毛率为65%。生产的裘皮为二毛皮，洁白呈波浪形花案，美丽、轻盈、柔软，毛股一般有5~7个弯曲，较好的花型属串字花。

屠宰率，成年羯羊为45%，母羊为40%，二毛羔为50%。产羔率为102%。初生羔羊体重一般可达4000g左右，约相当于母羊体重的9%。出生后，公羔生长发育稍微比母羔快一些。在5月龄断奶时，公羔体重一般达到24kg左右，母羔体重一般可达18kg左右，在

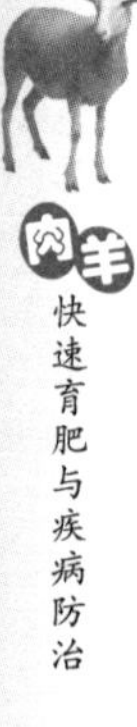

断奶后的6、7个月内，生长发育较缓慢。公羔满10月龄时，一般体重为30kg左右；母羔满10月龄时体重可达24kg左右。

2. 小尾寒羊

小尾寒羊是中国乃至世界著名的肉裘兼用型绵羊品种，主要产于山东省，现在分布于全国各地。

小尾寒羊是我国优良的肉裘兼用型绵羊品种，具有适应性强、耐粗饲、早熟、多胎、多羔、生长快、体格大、产肉多、裘皮好、遗传性稳定和适应性强等优点。成年公羊体重为150～200kg。终年可繁殖，两年三产，有不少是一年两产，每胎2～4只，高的达7只。肉用性能优良，早期生长发育快，成熟早，易肥育，适于早期屠宰。在良好的饲养条件下，3月龄公羔断奶体重达26kg，胴体重13.6kg，净肉重10.4kg；3月龄母羔断奶体重达24kg，胴体重12.5kg，净肉重9.6kg。6月龄公羊体重可达46kg，胴体重23.6kg，净肉重18.4kg；6月龄母羊体重可达42kg，胴体重21.9kg，净肉重16.8kg。周岁育肥羊屠宰率55.6%，净肉率45.89%。

3. 湖羊

湖羊具有早熟、四季发情、一年两胎、每胎多羔、泌乳性能好、生长发育快、改良后有理想产肉性能、耐高温高湿等优良性状，适合舍饲。

湖羊性成熟早，四季发情、排卵，终年配种产羔。在正常饲养条件下，可实现两年三产，一般每胎两羔，经产母羊平均产羔率220%以上，在正常饲养条件下，日产乳1kg以上。

湖羊羔羊生长发育快，3月龄断奶体重公羔为25kg以上，母羔为22kg以上。成年羊体重公羊为65kg以上，母羊为40kg以上。屠宰后净肉率为38%左右。

4. 内蒙古白绒山羊

内蒙古白绒羊主要分布于内蒙古自治区西部的巴彦淖尔市、鄂尔多斯市和阿拉善盟，是著名的绒肉兼用羊品种。所产白羊绒，品质优良，在国际上享有很高的声誉，其产品被誉为白如雪、轻如云、软如丝的天然珍品。近几年，日本、澳大利亚、朝鲜等国竞相购买内蒙古白绒羊。

内蒙古白绒羊有3个类型，即二狼山白羊、阿尔巴斯白羊和阿左旗绒羊。3个类型的外貌特征基本相似，公母羊均有角有须，公羊角向后上方向外捻曲，呈扁三棱锥形，长约60cm；母羊角较小，长约25cm。头中等大小，鼻梁微凹，耳大、向两侧半下垂。体形较粗短，近似方形，后躯略高，四肢粗壮结实。被毛分内、外两层，外层为粗毛，光泽良好，长12～20cm，细度83.8～88.8μm；内层为绒毛，长5.0～6.5cm，细度12.1～15.1μm。按其被毛状态又可分为长细毛型和短粗毛型，前者外层被毛长而细，产绒量低；后者外层被毛短而粗，但产绒量高。

内蒙古白绒羊是一个适应性强、产肉多、绒毛增产潜力大的地方良种。公羊活重52～58kg，母羊30～45kg，屠宰率40%～50%。平均产绒量360g左右，最高达870g，粗毛产量与绒毛产量相近，但繁殖率较低，多为单羔，且一年产一胎。

5. 中卫山羊

中卫山羊是裘皮用羊，其中心产区是宁夏的中卫市沙坡头区和甘肃的景泰、靖远县，与其毗邻的中宁、同心、海原、皋兰、会宁等地也有分布。新中国成立以来，该羊先后被全国20个省（区）引进，用以改良当地羊，效果较好。

中卫山羊毛色以纯白为主，杂色较少。成年羊头部清秀，面部平直，额部丛生毛一束。公、母羊皆有须。公羊有向后上方向外伸展的捻曲状大角，母羊有向后上方弯曲的镰刀状角，无角者甚少。体躯短深，近于方形，全身各部位结构匀称，结合良好，四肢端正，蹄质结实。体格中等，成年公羊体高61cm，体长68cm，体重30～40kg；成年母羊体高57cm，体长59cm，体重25～35kg。被毛分为两层，外层为粗毛，有浅波状弯曲和真丝样光泽，长20cm左右，细度平均为50～56μm，状如安哥拉羊毛；内层为绒毛，纤细柔软，有丝样光泽，长6～7cm，细度12～14μm。

6. 中卫黑山羊

中卫黑山羊是世界上唯一的裘皮用羊品种，初生羔羊全身覆有波浪形弯曲的毛股，生后1个月左右，毛长达到7.5cm左右时，毛股上有3～4个波浪形弯曲，多的有6～7个，毛股紧实，花色艳丽，形成美丽的花穗，且花案清晰，光泽悦目，此时宰杀剥皮，与著名的滩羊裘皮极为相似。裘皮皮板面积1360～3392cm^2。屠宰适时的裘皮，具有美观、轻便、结实、保暖和不结毡等特点。

中卫黑山羊成年羊产肉12kg左右，屠宰率40.3%～48.8%，裘皮期羔羊产肉2.5～4.0kg，屠宰率50.5%。公羊产毛量250～500g，产绒量100～150g；母羊产毛量200～400g，产绒量120g左右。母羊泌乳期5～7个月，日产奶250～500g。产羔率103.95%，双羔率2.2%左右。

中卫黑山羊体质结实，具有耐寒、抗暑、抗病力强和耐粗饲等优良特性。

二 国外主要优良肉羊品种

国外目前主要有萨福克羊、无角陶赛特羊、杜泊羊、夏洛莱羊、特克赛尔羊、波尔山羊等，具有体格大、生长速度快、抗病力强、产肉率高等优秀特性。一般能够根据体形外貌和生产性能特点识别不同品种的羊。

1. 萨福克羊

萨福克羊原产于英国英格兰东南部的萨福克。萨福克羊以无角、黑头、黑腿、肉用体形好的南丘羊为父本，以当地体形较大、黑头、有角、毛用型、腿长、体长而狭窄、放牧性能好、肌肉发达、强健的旧型诺福克羊为母本进行杂交育种，于1859年育成。属于大型肉羊品种。

【主要特征】美国培育出来的高性能萨福克成年公羊体重113～159kg，成年母羊体重81～113kg，成年母羊产毛量2.25～3.60kg，净毛率50%～62%。萨福克羊毛属中型毛，纤维直径25.5～33.0μm，羊毛品质支数48～58支，被毛长度5.00～8.75cm。

白萨福克羊是由澳大利亚于1977年开始培育的一种头和四肢为白色的萨福克羊品种。白萨福克羊与萨福克羊的生产性能相近，但是为白脸和白腿。白萨福克羊的育种目标同萨福克羊相同，即低脂肪，大胴体，体形良好且生长迅速。

【外貌特征】公、母羊均无角，体躯白色，头和四肢黑色，体质结实，结构匀称，头重，鼻梁隆起，耳大，颈长、深且宽厚，鬐甲宽平，胸宽深，头、颈、肩结合良好。背腰长而宽广平直，腹大紧凑，肋骨开张良好，四肢健壮，蹄质结实，体躯肌肉丰满呈长桶状，前、后躯发达。

【生长发育特征】宁夏畜牧所从新西兰引进萨福克种羊测定结果，头胎公羔初生重 5.2kg ± 1.1kg，母羔 4.5kg ± 0.6kg；公羔月龄重 13.5kg ±3.2kg，母羔 13.1kg ±2.7kg；周岁公羊体重 114.2kg ±6.0kg，母羊 74.8kg ±5.6kg；2 岁公羊体重 129.2kg ±6.7kg，母羊 91.2kg ±10.9kg；3 岁公羊体重 138.5kg ±4.4kg，母羊 96.8kg ±7.2kg。

【繁殖性能特征】公、母羔 4 ~5 月龄即有性行为，7 月龄性成熟，有 7 月龄偷配、12 月龄产足月羔者。通常情况下，公、母羊 12 月龄初配。在宁夏除炎热的 7 ~8 月发情较少外，其他时节均能正常发情、妊娠。第一个情期妊娠率 91.6%，第二个情期妊娠率 100%，总妊娠率 100%。1.5 岁母羊只均妊娠期限 144.2 天 ±2.6 天，范围 142 ~149 天，头胎产羔率 173%，第二胎产羔率 204.8%。公羊 12 月龄开始配种，1.5 ~2 岁公羊采精量 0.9 ~1.5mL，精子密度 15 亿 ~24 亿/mL，精子活力 0.75，人工授精和人工辅助交配条件下，情期妊娠率 80% ~90%，本交公羊同断尾或短瘦尾母羊之比为 1∶100。

【产毛性能】成年公羊产毛量 5 ~6kg，成年母羊产毛量 3 ~4kg，毛长 7 ~9cm，细度 48 ~50 支，净毛率 60%，毛白色，偶尔可见少量的有色纤维。宁夏畜牧所从新西兰引进的萨福克公羊，春毛产量 3.0kg，自然长度 5.5cm。羊毛品质分析结果表明，公羊毛平均细度 48 ~50 支，伸直长度 66.2mm，强度 17.6cN，伸度 33.3%，含脂率 9.9%，R_{457}白度 42.7；母羊相应指标依次为产毛量 2.4kg，自然长度 4.9cm，细度 48 ~ 50 支，伸直长度 71.3mm，强度 16.7cN，伸度 37.8%，含脂率 9.8%，R_{457}白度 43.2。

【产肉性能】萨福克公、母羔羊 4 月龄平均体重 47.7kg，屠宰率 50.7%；7 月龄平均体重 70.4kg，胴体重 38.7kg，屠宰率 55%。出栏羔羊肉肉质细嫩，肉脂相间，味道鲜美。

萨福克羊是目前世界上体格、体重最大的肉用羊品种，北美洲饲养的萨福克公羊体重 113 ~159kg，母羊 81 ~110kg；品种特征明显，体形外貌整齐，肉用体形突出，繁殖率、产肉率、日增重高，肉质好，被各引入地作为肉羊生产的终端父本。由于该品种羊的头和四肢为黑色，被毛中有黑色纤维，杂交后代多为杂色被毛，故在细毛羊产区要慎重。

2. 无角陶（道）赛特羊

无角陶赛特羊是发展肉用羔羊的父系品种之一。原产于大洋洲的澳大利亚和新西兰。

公、母羊均无角，颈粗短，体躯长，胸宽深，背腰平直，体躯呈圆桶形，四肢粗短，后躯发育良好，全身被毛白色。成年公羊体重100~125kg，母羊75~90kg。该品种羊具有早熟，生长发育快，全年发情和耐热及适应干燥气候等特点。胴体品质和产肉性能好，4月龄羔羊胴体重20~24kg，屠宰率50%以上。产羔率为130%~180%。无角陶赛特公羊与小尾寒羊母羊的杂交，效果良好，杂交后6月龄公羔胴体重为24.20kg，屠宰率达54.50%，净肉率达43.10%，后腿肉和腰肉重占胴体重的46.07%。

纯种无角陶赛特羊和萨福克羊在宁夏生长发育进行比较：通过对萨福克羊和无角陶赛特羊不同时期（初生、30日龄、断奶、周岁）生长发育情况和生产性能做对比，萨福克羊和无角陶赛特羊在宁夏地区都能表现出优良的特点和生产性能，而且与当地母羊杂交效果非常明显。试验结果表明：从体重来看，萨福克公、母羔初生体重均大于无角陶赛特公、母羔；30日龄、断奶、周岁时无角陶赛特公、母羊的体重均大于萨福克公、母羊。说明萨福克羊在出生后生长发育迅速，属肉用早熟品种。而无角陶赛特羊在30日龄、断奶、周岁时生长发育较快。从体尺来看，萨福克公、母羔在初生时的体高、体长和胸围均大于无角陶赛特公、母羔，30日龄、断奶、周岁时无角陶赛特公、母羊的体高、体长和胸围均大于萨福克公、母羊。

3. 杜泊羊

杜泊羊原产于南非，是由有角陶赛特羊和波斯黑头羊杂交育成的，主要用于羊肉生产，分为白头杜泊羊和黑头杜泊羊两种。

杜泊羊个体高度中等，体躯丰满，体重较大。成年公羊和母羊的体重分别在120kg和85kg左右。杜泊羊以产肥羔肉特别见长，胴体肉质细嫩、多汁、色鲜、瘦肉率高，被国际誉为“钻石级肉”。4 月龄屠宰率 51%，净肉率 45% 左右，肉骨比 9.1∶1，料重比 1.8∶1。杜泊羔羊生长迅速，3.5～4 月龄的杜泊羊体重可达 36kg，屠宰胴体约为 16kg，品质优良，羔羊平均日增重 81～91g，最高日增重可达 200g。杜泊母羊可在一年四季任何时期产羔。母羊的产羔间隔期为 8 个月，在饲料条件和管理条件较好的情况下，母羊可达到 2 年 3 产，一般产羔率能达到 150%。

4. 夏洛莱羊

夏洛莱羊产于法国中部的夏洛莱地区，是最优秀的肉用品种。被毛同质，白色。公、母羊均无角，整个头部往往无毛，脸部皮肤呈粉红色或灰色，有的带有黑色斑点，两耳灵活会动，性情活泼。

夏洛莱羊具有早熟，耐粗饲，采食能力强，肥育性能好等特点。成年公羊体重 110～140kg，成年母羊体重 80～100kg。羔羊生长速度快，平均日增重为 300g。4 月龄育肥羔羊体重为 35～45kg；6 月龄公羔体重为 48～53kg，母羔 38～43kg；周岁公羊体重为 70～90kg，周岁母羊体重为 50～70kg。产肉性能强：夏洛莱羊 4～6 月龄羔羊的胴体重为 20～23kg，屠宰率为 50%，胴体品质好，瘦肉率高，脂肪少。夏洛莱羊被毛白色，毛细而短，毛长 6～7cm，剪毛量 3～4kg，细度为 60～65 支，密度中等。繁殖性能：属季节性自然发情，发情时间集中在 9～10 月，平均受胎率为 95%，妊娠期 144～148 天。初产羔率 135%，3～5 产可达 190%。

5. 特克塞尔羊

特克塞尔羊属于中大型品种，原产于荷兰，在世界许多地区有分布，我国宁夏、内蒙古、黑龙江等地引进了该品种羊。

特克塞尔羊头部与四肢无绒毛，蹄色为黑色。公羊体重 110～130kg，母羊 70～90kg，毛长 10～15cm，毛细度为 50～60 支，剪毛量 3.5～5.5kg。4～5 月龄体重可达 40～50kg，产羔率 150%～160%。

6. 波尔山羊

波尔山羊原产于南非，波尔山羊被称为世界“肉用羊之王”。

波尔山羊具有体形大、生长快、繁殖力强、产羔多、屠宰率高、产肉多、肉质细嫩、耐粗饲、适应性强和抗病力强的特点。成年波

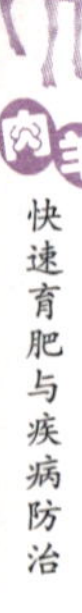

尔山羊公羊、母羊的体重分别达60kg和65kg。屠宰率较高，平均为48.3%。

第二节 肉羊的杂交改良

一 肉羊品种培育

纵观世界畜牧业发展史，发达国家无不经历了数量扩张型和质量效益型两个阶段。当羊的数量达到一定规模后再靠增加数量提高效益其空间和潜力已很小，只有靠提高个体生产性能和产品质量来提高效益，即由数量扩张型向质量效益型转变是经济增长方式转型在畜牧业中的具体体现。在世界各国肥羔生产体系中，经济杂交是最重要的措施之一，通过品种间杂交所产生的杂种优势，如生活力强、生长发育快、饲料利用率高、适应性强，是提高个体产量和经济效益的最有效最便捷的途径。国外大量试验表明，二元杂交断奶重的杂种优势率为13%，三元杂交的杂种优势率在38%以上，四元杂交的杂种优势率又超过三元杂交。杂交方式分为级进杂交和经济杂交（简单杂交、多元杂交、轮回杂交），杂交方案的选择应根据当地羊的类型、饲草料资源及品质、农户经济状况、技术力量、养殖水平、生产成本等因素综合考虑。

进行肉羊生产采用的最主要的技术之一就是品种培育与杂交优势利用技术。肉羊品种培育技术包括选种技术、选配技术。

选种技术是“选优去劣”过程，具有创造性，可改变种群基因频率。选配技术是一种交配制度，可巩固选种成果，实现选种目的；选种与选配互为基础。杂交优势利用技术是创造新组合（新表型），产生杂交优势（生产力、生活力、适应性、抗逆性等方面）。

二 肉羊培育模式

1. 肉羊培育的要点

1）杂交亲本的选择：了解杂交优势的概念。掌握杂交亲本的选择标准，根据品种特性、自然气候条件、饲草料资源等因素进行考虑。

2）杂交模式与杂交组合的确定：能够根据市场需求、生产目的和本地资源环境情况选择适宜的杂交模式（二元杂交，三元杂交）和杂交组合。

3）肉羊的选种选育：学会肉羊的选种选育，选择多胎性、早熟、生长速度快的羊留作种用，及时淘汰劣质羊。学会挑选种公羊和种母羊，即看优劣、看父母、看后代。

2. 肉羊纯种繁育与杂交利用体系的概念

所谓肉羊的纯种繁育与杂交利用体系，是在充分利用现有品种（系）资源的基础上，将纯种肉羊的选育提高、良种肉羊的推广和商品肉羊的生产结合起来，通过深入开展配合力测定或杂交组合试验，筛选出既适合当地生产条件又符合市场需要的优选组合，并通过建立不同性质的各具不同规模的肉羊场（纯种羊育种场、良种羊繁殖场和商品肉羊生产场），使各羊场之间密切配合，严格按照固定的杂交模式和规范化的生产技术，系统进行商品肉羊完整的纯种繁育与杂交利用体系，通常是以纯种肉羊育种场（父系肉用品种和母系品种的核心群）为核心、良种肉羊繁殖场（繁殖群）为中介、商品肉羊生产场（生产群）为基础的上小下大的宝塔式繁育体系生产，以形成一个统一的遗传传递系统。

建立良种肉羊的繁育体系是现代肉羊业的发展方向，它标志着一个国家或一个地区肉羊业的发达程度。在现代肉羊生产中，建立健全肉羊的纯种繁育与杂交利用体系，能使肉羊的杂交利用工作有组织、有计划、有步骤地进行，有利于良种肉羊的选育提高和繁殖推广，可使在育种肉羊群中实现的育种进展逐年不断地传递并扩散到广泛的商品肉羊生产群中。

3. 肉羊的杂交利用

现代杂交生产的特点是在纯种（纯系）选育的基础上，通过配合力测定和杂交组合试验，筛选出最优的杂交组合和杂交方式，充分利用杂种优势（指不同品种或品系间的杂交，后代性能指标具有超出原来两亲本平均生产水平的能力），从而高产、优质、高效地生产羊肉。

所谓杂交，是指不同品种或不同品系间的公、母羊相互交配。杂交依目的不同，可分为育成性杂交、改良性杂交和生产性杂交

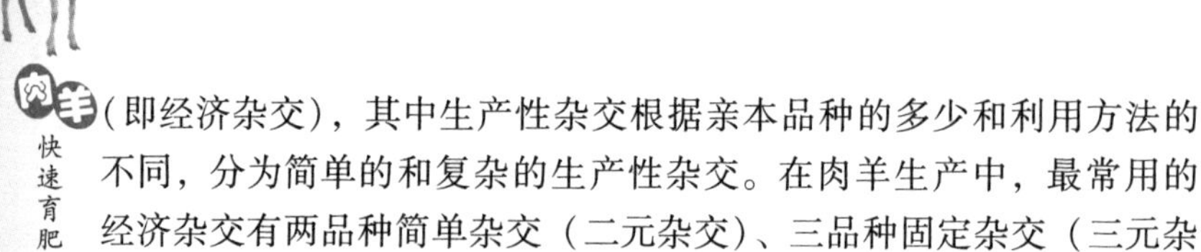

(即经济杂交)，其中生产性杂交根据亲本品种的多少和利用方法的不同，分为简单的和复杂的生产性杂交。在肉羊生产中，最常用的经济杂交有两品种简单杂交（二元杂交）、三品种固定杂交（三元杂交）和轮回杂交等几种杂交方式。

(1) 两品种简单杂交（又叫二元杂交） 它是我国肉羊生产中应用广泛且比较简单的一种杂交方式。用两个品种（或品系）的公、母羊进行杂交，利用杂种优势来生产商品肉羊。当前在我国农村经济条件下，一般选择本地母羊与国外引进品种或国内培育品种如德国肉用美利奴羊、萨福克羊、法国夏洛莱羊、无角陶赛特羊、杜泊羊的种公羊进行杂交，产生的一代杂种不论公、母羊全做经济利用。二元杂交的优点在于杂交方式简单，仅需一次配合力测定，能获得个体杂种优势，其不足在于繁殖性能的杂种优势不能得到充分利用。

(2) 三品种固定杂交（又叫三元杂交） 从两品种简单杂交所得到的杂种一代母羊中，选留优良个体，与另一品种的公羊进行杂交，产生的后代作为商品羊。该方法的优点主要是能获得较高的母本和后代的杂种优势，尤其是繁殖性能。通过杂种母本的再利用，杂种优势更高。一般来说，三元杂交方法在繁殖性能上的杂种优势率较二元杂交方法高出 1 倍以上。但该方法的缺点是杂交繁育体系较为复杂，需要保持三个品种（系），制种时间较长，需要两次配合力测定。

4. 宁夏肉羊纯种繁育与杂交利用体系

(1) 设计思路 坚持以市场为导向，以产品为龙头，以科技进步为先导，以效益为中心的原则，立足本国、本地区实际，协调资源配置，在搞好肉羊新品种培育、引进、推广的同时，广泛开展经济杂交，走规模化、专业化、集约化的肥羔生产之路。

借鉴国外先进肉羊生产的成功经验：在经济杂交利用体系中，英国早熟肉用品种，特别是早熟型短毛品种是普遍采用的父系品种，如萨福克羊、无角陶赛特羊、特克塞尔羊、杜泊羊等。母系品种则尽可能利用早熟性好、四季发情、多胎多产、泌乳力强的小尾寒羊品种和湖羊品种。

(2) 设计的主要技术要点 广泛开展经济杂交，走规模化、专

业化、集约化的肥羔生产之路；经济杂交以简单的二元杂交、三元杂交为主体；经济杂交中，父本选择国外肉用品种，如萨福克羊、无角陶赛特羊、杜泊羊等；母本选择国内优良地方品种滩羊母羊，小尾寒羊母羊，滩寒杂交后代母羊；繁育体系按照两年三产繁育体系进行。繁殖技术参数的确定：国外肉用品种繁殖率150%，国内优良地方品种繁殖率250%，二元杂种母羊繁殖率200%。

5. 宁夏肉羊培育模式

（1）三元杂交方案

1）利用现有滩羊母羊为母本，小尾寒羊为父本，生产出的滩寒杂交后代进行肥羔生产。

2）以滩寒杂交后代母羊为母本，父本选择顺序为无角陶赛特羊、特克塞尔羊、萨福克羊、杜泊羊（终端杂交父本）分别进行级进杂交或经济杂交，进一步提高杂交后代的生产性能和进行肥羔生产。

（2）二元杂交方案

1）利用现有滩羊母羊为母本，小尾寒羊为父本，生产出的滩寒杂交后代进行肥羔生产。

2）利用现有滩羊母羊为母本，采用国外肉羊为父本，生产出的滩杂后代进行肥羔生产。

3）利用现有小尾寒羊为母本，采用国外肉羊为父本，生产出的寒杂后代进行肥羔生产。宁夏肉羊培育模式如图2-1所示。

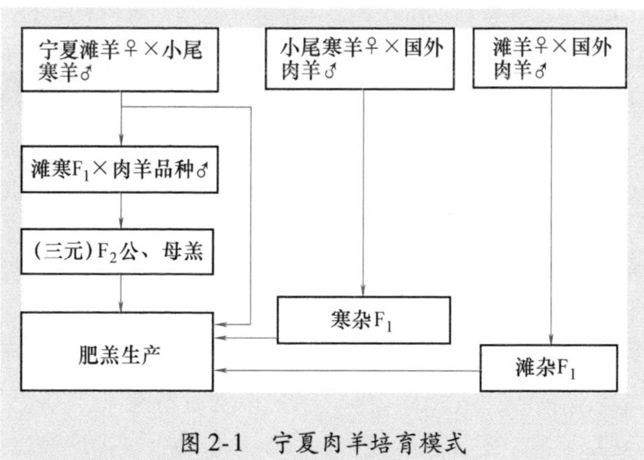

图2-1　宁夏肉羊培育模式

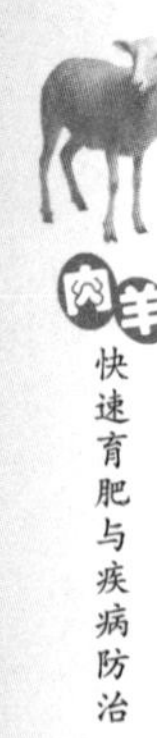

三 肉羊杂交效益分析

1. 滩羊与小尾寒羊二元杂交

以滩羊纯种繁殖和滩羊母羊与小尾寒羊公羊杂交比较，结果见表2-1。

表 2-1 羔羊不同阶段体重变化

组合	平均产羔数	初生重/kg	1 月龄重/kg	3 月龄重/kg	6 月龄重/kg	平均日增重/g
滩羊	1	3. 19	7. 12	19. 78	29. 5	146. 17
滩寒杂交	2. 7	3. 5	8. 3	23. 4	35. 2	186. 8

从表2-2可以看出，滩寒杂交一代各阶段体重优于滩羊，杂交优势明显。

2. 滩羊与肉羊二元杂交

以滩羊作为母本，以特克塞尔羊、无角陶赛特羊作为父本，杂交生产的特滩 F_1（特克塞尔羊♂ ×滩羊♀）、陶滩 F_1（无角陶赛特羊♂ ×滩羊♀）和滩羊羔羊各30只，公、母各半，在相同的饲养管理条件下，以同等营养水平饲喂180天。测定初生重、1月龄重、3月龄重、6月龄重、6个月平均日增重，结果见表2-2。

表 2-2 特滩 F_1、陶滩 F_1、滩羊羔羊不同阶段体重变化

组合	只数	初生重/kg	1 月龄重/kg	3 月龄重/kg	6 月龄重/kg	平均日增重/g
特滩 F_1	30	3. 88	8. 40	24. 62	35. 1	173. 44
陶滩 F_1	30	3. 82	8. 36	24. 28	34. 2	168. 78
滩羊	30	3. 19	7. 12	19. 78	29. 5	146. 17

结果：特滩 F_1、陶滩 F_1 羔羊6个月平均日增重分别比本地滩羊高18. 66%和15. 47%；羔羊的初生重分别高21. 63%、19. 75%，1月龄重分别高17. 98%、17. 42%，3月龄重分别高22. 75%、24. 47%，6月龄重分别高出18. 98%、15. 93%。结果表明，特滩 F_1 羔羊生长速度最快，陶滩 F_1 羔羊生长速度较快，滩羊羔羊的生长速度最慢。

萨滩 F_1（萨福克羊♂ ×滩羊♀）、陶滩 F_1（无角陶赛特羊♂ ×滩羊♀）、美滩 F_1（德国美利奴羊♂ ×滩羊♀）、寒滩 F_1（小尾寒羊♂ ×滩羊♀）和滩羊各 30 只，公、母各半。在相同的饲养管理条件下，以同等营养水平饲喂 120 天，比较其体重、日增重、料重比、屠宰前活重、胴体重、屠宰率，结果见表 2-3。

表 2-3　萨滩 F_1、陶滩 F_1、美滩 F_1、寒滩 F_1、滩羊羔羊 120 日龄生产性能变化

类型	日龄	体重/kg	日增重/g	料重比	屠宰前活重/kg	胴体重/kg	屠宰率（%）
萨滩 F_1	120	33.3	246.1	1.86:1	34.8	16.8	48.2
陶滩 F_1	120	28.9	204.5	1.94:1	32.3	15.5	48.0
美滩 F_1	120	32.2	233.2	2.14:1	35.9	17.4	48.6
寒滩 F_1	120	26.6	182.2	2.27:1	31.3	15.0	48.3
滩羊	120	23.5	180.7	2.41:1	27.4	12.5	45.4

结果：体重大小依次为萨滩 F_1 > 美滩 F_1 > 陶滩 F_1 > 寒滩 F_1 > 滩羊。但是，滩羊与萨福克、陶赛特羊的杂种羔羊均出现杂色，滩羊与德国美利奴羊的杂种羔羊均为白色，所以，德国美利奴羊作为滩羊二元杂交的父本较好。

3. 小尾寒羊与国外肉用品种二元杂交

以小尾寒羊为母本，分别以国外肉用品种萨福克羊、杜泊羊、无角陶赛特羊为父本杂交进行羔羊肉生产，各选30 只，饲喂180 天，结果见表 2-4。

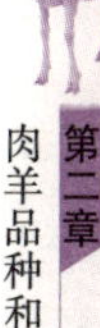

表 2-4　不同肉用品种杂种一代羔羊与小尾寒羊羔羊不同阶段体重变化

项　　目	萨寒 F_1 ($n=30$)	杜寒 F_1 ($n=30$)	陶寒 F_1 ($n=30$)	小尾寒羊（$n=30$）
初生重/kg	1 月龄重/kg	4 月龄重/kg	6 月龄重/kg	6 个月平均日增重/g
4.21	16.53	32.14	41.76	208.61
4.11	16.12	31.85	40.13	200.11
4.05	15.04	30.73	38.85	193.33
3.41	9.23	21.64	29.35	144.11

结果：

（1）不同肉羊品种 杂种一代羔羊的初生重均大于小尾寒羊羔羊初生重的20%以上；各F_1羔羊各月龄重和6个月平均日增重均大于小尾寒羊羔羊，大小依次为萨寒F_1>杜寒F_1>陶寒F_1>小尾寒羊。

（2）经济效益 萨寒F_1（最大）>杜寒F_1>陶寒F_1>小尾寒羊（最小）；各F_1羔羊的经济效益均高于小尾寒羊羔羊1倍以上。

（3）杂种优势突出 杂种一代羔羊既表现了父本明显的早熟、生长速度快、肉用性能好的特点，又保持了母本适应性强的特征，明显改变了小尾寒羊生产性能低、增重慢、饲料转化率低、经济效益差的现象。

4. 滩寒杂交与肉用品种绵羊三元杂交

用从新西兰引进的萨福克羊、特克塞尔羊和无角陶赛特羊作为父本，引入后的萨福克3岁公羊平均体重138.5kg±4.4kg，母羊96.8kg±7.2kg；特克塞尔3岁公羊平均体重118.5kg，母羊78.3kg；无角陶赛特3岁公羊平均体重120.21kg，母羊78.27kg。以原有的寒×滩所产母羊为母本，3岁母羊平均体重47.8kg±5.9kg。随机选取萨×寒滩、特×寒滩和陶×寒滩三种杂交组合所产杂种羊、滩羊、小尾寒羊羯羊各3只，共计15只，年龄均为周岁，进行饲养试验，结果在相同的饲养管理条件下，用三个品种的良种肉羊作为父本，以同一类群的杂种母羊杂交所产杂种羯羊，周岁时屠宰前活重、胴体重、净肉重、肉骨比、屠宰率均明显大于同龄的初始父本小尾寒羊和初始母本滩羊羯羊，分别是萨杂肉公羊周岁活重为63.6kg，特杂为71.1kg，陶杂为68.1kg，同龄、同性别的滩羊为32.9kg，小尾寒羊为40.5kg。屠宰试验结果：萨杂屠宰率为56.07%，陶杂为55.0%，特杂为54.08%，滩羊为49.76%，小尾寒羊为46.47%；杂种肉羊胴体净肉率比滩羊提高5.04%~5.99%，比小尾寒羊提高9.23%~10.18%；眼肌面积、GR值、肌肉纤维直径均为杂种肉羊大于滩羊和小尾寒羊；屠宰后1h的新鲜肉pH在6.07~6.20之间，均属于正常范围。

四 山羊肉羊杂交

由南非卡普省育成并已注册的改良型波尔山羊是目前世界上公

认的唯一专用肉用山羊品种，由于其各生长阶段体格大、体重重、日均增重大、繁殖率高、屠宰率高，肉质和早熟性好，全年多次发情，其综合产肉性能是世界上其他任何羊品种所不能比拟的。宁夏羊中除少量中卫羊和绒山羊外，大部分为无特定生产方向的土种羊。这些羊分布于荒漠、半荒漠草原带，在严酷的自然条件下具有一定的生产能力。但由于多年闭锁繁育，其体格小，体重轻，繁殖率低，生长缓慢，体形干瘦，羯羊一般 2.5 ~4 岁出栏；3 岁以上未产过羔的母羊和老年母羊屠宰做肉用，出栏羊只平均胴体重 12.0kg。

1997 年以来用引入的波尔羊及其冻精改良宁夏土种羊，结果表明，波尔羊适应本地区不同类型的环境条件，具体数据见表 2-5 和表 2-6。

表 2-5　宁夏本地羊和波尔山羊杂一代羊体重比较

类　别	年　龄	性　别	体重/kg	日均增重/g
本地羊	6 月龄	公	15.3 ±1.8	72.0 ±7.5
		母	15.1 ±2.2	
波本 F_1	6 月龄	公	22.1 ±4.3	96.0
		母	17.1 ±2.3	
波本 F_2	6 月龄	公	30.8 ±2.4	170.9

表 2-6　杂一代同本地羊屠宰对比试验结果

类　别	年　龄	屠前活重/kg	胴体重/kg	屠宰率（%）
本地羊	周岁	17.6 ±1.4	6.9 ±1.4	39.7 ±3.2
波本 F_1	周岁	39.5 ±1.3	20.3 ±0.2	51.3 ±1.3

但是，用波尔羊改良绒用羊，能提高其产肉性能，但杂种羊绒毛密度变小、绒长变短、产绒量大幅下降，因此，用波尔羊改良的工作要权衡利弊，慎重对待。

第三章 肉羊的繁殖

第一节　肉羊的繁殖特性

在舍饲养羊生产中应选择多胎性羊品种与当地羊进行杂交，提高繁殖率。同时还要注意优化羊群结构，使青年羊（半岁~1岁半）的比例保持在15%~20%，壮年羊（1.5岁~4岁）占65%~75%，5岁以上的羊占10%~20%的比例。母羊比例达到65%~70%，其中繁殖母羊占45%~50%，按这种比例饲养，经济效益较好。另外，公、母羊比例对提高繁殖率和经济效益也有影响，据中国养殖网（2005）统计，理想的羊群公、母比例是1∶36，繁殖母羊、育成羊、羔羊比例应为5∶3∶2，可保持高的生产效率、繁殖率和可持续发展后劲。小规模养羊户最好不要饲养种公羊，因为良种羊价格高，饲养成本和风险大，从经济角度来讲不划算，最经济的方式是应用人工授精技术，这样可大量节约饲养费用和购买公羊的费用。饲养规模大的羊场，必须配备种公羊，推广人工授精技术是提高优秀种公羊繁殖效率的最佳措施。

一　性成熟与初配年龄

羊的性成熟年龄差异较大，一般公羊在6~10月龄、母羊在6~8月龄达到性成熟。早熟品种4~6月龄性成熟，晚熟品种8~10月龄性成熟。我国地方绵羊、山羊品种4月龄就出现性活动，如公羊爬跨、母羊发情等。一般来讲，初配母羊的年龄达12月龄，体重达成年体重的70%时开始配种为宜。早熟品种、饲养管理条件好的母羊可适当早些。种公羊的利用在1.5岁左右开始为宜。在生产上，羔羊断奶以后，公、母羊要分开饲养，防止早配或近亲繁殖。

二 发情

发情是指母羊达到性成熟后所表现出的一种周期性的性活动现象。这种周期性性活动同时伴随着母羊卵巢、生殖道、精神状态及行为的变化，表现出一定的特征。母羊发情后表现为兴奋不安，对周围外界刺激反应敏感，常鸣叫，举尾拱背，频频排尿，食欲减退，放牧的母羊常离群独自行走，喜欢主动寻找或接近公羊，愿意接受公羊交配。当公羊追逐或爬跨时站立不动或绕圈而行，摆动尾部，后肢岔开，后躯朝向公羊。处于泌乳期的母羊发情，泌乳量下降，不照顾羔羊。母羊外阴部充血、肿胀、阴蒂充血勃起，阴道黏膜充血、潮红、湿润并有黏液分泌。母羊发情虽然有以上表现，但在生产中往往不明显，尤其是处女羊。所以，在生产中要多观察，并结合试情鉴定。母羊每次发情持续的时间称为发情持续期。发情持续期的长短与羊的品种、年龄及每个配种季节的配种阶段有关。幼龄羊的发情持续期较短，成年羊则较长；配种季节刚开始时，发情持续期较短，中期较长，以后又缩短。绵羊的发情持续期一般为30h左右，山羊24～38h。羊发情周期为18～23天，平均为20天。

三 排卵和妊娠

羊属自发性排卵羊，排卵时间一般在发情开始后12～24h之间。

母羊在发情期内配种后，就不再表现发情，说明已经妊娠。从开始受孕到分娩的这一期间叫妊娠期（怀孕期），通常是从最后一次配种或输精的那一天算起至分娩之日止。羊的妊娠期为146～161天，平均为152天。羊的妊娠期因品种、年龄、胎次、性别及外界环境因素等不同而略有差异。一般本地羊比杂种羊妊娠期短，青壮年羊比老、幼龄羊妊娠期短些。根据妊娠期可以推算预产期，具体方法是：由母羊最后一次配种日期向后推算150天，即为预产期。例如，某一只母羊最后一次配种时间为9月1日，该羊的预产期应

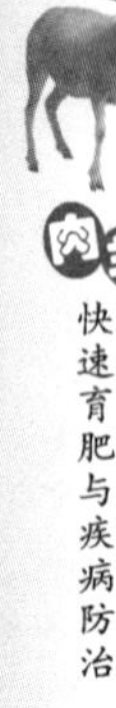

为第二年2月1日。

四 发情鉴定

主要是观察母羊的精神状态、性行为表现及外阴部变化情况。母羊发情时，常常表现兴奋不安，对外界刺激反应敏感，食欲减退，有交配欲，主动接近公羊，公羊追逐或爬跨时常站立不动，并强烈摆动尾部，频尿等现象，且外阴部分泌少量黏液。但是，绵羊一般发情期短，外部发情鉴定和配种是种羊场最重要的日常工作。搞好发情鉴定是做好配种工作的前提，及时有效地配种是提高羊群繁殖效率的基本保障。必须做到“三定一落实”，即定时、定圈、定任务，责任落实到人。具体技术操作规程如下：

（1）发情鉴定的方法 以公羊试情法为主，结合对母羊的行为观察、外阴部观察、阴道检查结果进行综合鉴定。试情时凡主动接近公羊，公羊追逐或爬跨时站立不动，并摆动尾巴的母羊即可视为发情；对于精神兴奋不安，食欲较差，频尿的可疑母羊必须进一步察看其外阴部或阴道内部情况，凡外阴部红肿、流出少量黏液的母羊即可视为发情；阴道黏膜红润，有透明黏液，子宫颈口开张的母羊即为发情。确认发情的母羊必须迅速挑出，隔离。

（2）试情公羊的选择调教与管理 试情公羊符合本品种特征、膘情中等偏上、体格大而健壮、性欲旺盛，年龄在一周岁以上，使用前经过一周以上的调教。试情公羊应占适繁母羊数量的1/40。试情公羊在调教与使用过程中均应系带试情布。试情布要表面光滑，结实耐用，且清洁卫生。使用时，能牢牢裹住试情公羊腹部，护住其阴茎，防止在试情时偷配。调教期间，每天让试情公羊与事先准备的母羊接触3～4次，并与发情母羊本交1～2次，同时，管理人员应给以相同口令，试情公羊熟悉场地环境，能听从口令，适应佩戴试情布，掌握母羊发情症状，学会爬跨母羊，并具有交配能力。试情公羊在试情期应按种公羊配种期的日粮标准饲喂。试情公羊每天运动两次，每次30min以上。每隔3～4天必须让试情公羊本交一次，以保持其旺盛性欲。试情公羊要由专人管理，定人、定圈使用，连续使用三天必须休息一天。试情羊患病期间不得使用。

(3) 试情要求 试情工作要求专人负责，每天早晚各进行一次。一般每圈母羊试情时间每次不少于30min。试情时必须给试情公羊系牢试情布后才能放入母羊圈，同时，现场仔细观察记录母羊反应情况。

五 配种

(1) 做好配种计划 配种工作必须由专职技术人员负责。专职技术人员应根据母羊的品种和数量制订好每年、每季度和每月的配种计划。按计划选留种公羊，确定公、母羊的与配关系。

(2) 肉羊的配种方法 肉羊的配种方法可大体分为自然配种和人工授精两类。自然配种就是在羊只的繁殖季节，将公、母羊混群实行自然交配。通常采用大群配种，即将一定数量的羊群按公、母1:(25~35)的比例混群放牧。

第二节 人工授精技术

羊的人工授精是指通过人为的方法将公羊的精液输入母羊的生殖器官内使卵子受精以繁殖后代的技术。与自然配种相比，人工授精具有以下优点：扩大优良种公羊的利用率，提高母羊的受胎率，节省购买和饲养大量种公羊的费用，减少疾病的传染以及克服公、母羊所处地域相距过远的困难等。

一 试情公羊的准备

试情公羊的数量一般为参加配种母羊数量的2%~4%。先给试情公羊戴好试情布，再将试情公羊赶入待配母羊群中进行试情，凡愿意与公羊接近并接受公羊爬跨的母羊即认为是发情羊。通过试情把发情母羊挑出来放入配种室与选好的种公羊配种，并要做好母羊配种时间登记以及配种公羊的登记。试情的时间为每天早晚各一次，每次1.5h左右。

二 授精操作技术

具体操作是将待配羊牵到输精室内的输精架上固定好，或将羊只的后腿横跨在一定高度的横杠上进行输精，或者将羊只的后腿由人提起固定，并将其外阴部消毒干净，输精员右手持输精器，左手持开膣器，先将开膣器慢慢插入阴道，再将开膣器轻轻打开，寻找子宫颈。如果在打开开膣器后发现母羊阴道内黏液过多或有排尿表现，应让母羊先排尿或设法使母羊阴道内的黏液排净，然后将开膣器再插入阴道，细心寻找子宫颈。子宫颈附近黏膜颜色较深，当阴道打开后，向颜色较深的方向寻找子宫颈口可以顺利找到，找到子宫颈后，将输精器前端插入子宫颈口内 0.5～1.0cm 深处，用拇指轻压活塞注入原精液 0.05～0.1mL 或稀释液 0.1～0.2mL。如果遇到初配母羊，阴道狭窄，开膣器插不进或打不开无法寻见子宫颈时，只好进行阴道输精，但每次至少输入原精液 0.2～0.3mL。在输精过程中，如果发现母羊阴道有炎症，而又要使用同一输精器精液进行连续输精时，在对有炎症的母羊输完精之后要注射抗生素，用 0.1% 新洁尔灭溶液清洗输精器，或用 70% 酒精棉球擦拭输精器进行消毒，以防母羊相互传染疾病。但使用酒精棉球擦拭输精器时，要特别注意棉球上的酒精不宜太多，而且只能从后部向尖端方向擦拭，不能倒擦。酒精棉球擦拭后，用生理盐水棉球重新再擦拭一遍，才能对下一只母羊进行输精。

三 输精时间

母羊排卵时间通常在发情末期 24～36h，受精能力能保持 12～24h，因此，输精最迟应在排卵前 8～12h 进行。一般适宜的配种时间是母羊发情后的第二天，为发情后的 20～30h。输精次数，一般采取一次试情，两次输精，即当天上午试情后下午进行第一次输精，第二天早晨重复输精一次；下午试情，第二天上午、下午各输精一次。输精量，原精液 0.05～0.1mL，稀释精液 0.1～0.2mL。一次输精的有效精子数，绵羊一般要求 7500 万个以上；山羊 5000 万个以上。配种时必须认真做好配种记录。

四 配种效果检查

检查的目的是防母羊空怀。检查方法是配种后，连续跟踪检查两个情期，以确认母羊是否受孕，即从配种当日算起，在第 16、17、18 天和第 33、34、35 天连续进行发情鉴定，如果均无发情表现就可确认母羊已经受孕，否则应在发情时再次配种。对于连续三个情期配种无效的母羊，要分析原因，及时淘汰。

第三节　妊娠与分娩

一　妊娠期诊断

母羊妊娠以后，一般表现为周期性发情停止，食欲增进，营养状况改善，毛色润泽光亮，性情变得温顺，行为谨慎稳重。妊娠3个月以后腹围明显增大，右侧比左侧更为突出，乳房胀大。从右侧腹壁可以触摸到胎儿，在胎儿胸壁紧贴母体腹壁时，可以听到胎儿的心音。根据这些外部表现可以诊断是否妊娠。也可以给配种过2个月不发情的母羊，注射黄体酮4支，若2周内不发情，就可以判断为妊娠。

妊娠期平均为150天，其中绵羊为146～155天。在配种时间选择上避免冬季1月产羔。母羊预产期的推算方法是，配种月份加5，配种日期减2或减4。如果妊娠期通过2月份，预产日期应减2，其他月份减4。例如一只母羊在2012年11月3日配种，该羊的产羔日期为2013年4月1日。

二　分娩预兆

（1）乳房变化　临产前，母羊乳房肿大，乳头直立，可从乳头挤出少量清亮的胶状液体和少量初乳。但是，乳房变化受营养状况影响很大，营养不良的母羊，乳房变化不明显。

（2）软产道变化　临产母羊阴门肿胀、潮红、柔软红润，有时流出浓稠黏液。

（3）骨盆韧带变化　骨盆部韧带变松软，肷窝下陷，特别是临产前2～3h表现最明显。

（4）行为变化　食欲不振，行动困难，排尿次数增多，起卧不安，不时回顾腹部，喜离群或卧墙角，卧地时两后肢向后伸直。

三　产羔前准备工作

准备好接羔室或临时接羔棚，要求宽敞明亮、干燥通风、保温

性能好，使用前彻底清扫、消毒。棚舍内有待产母羊圈和母仔圈。每个小圈约 $2m^2$。冬季产羔室温度应不低于5℃，接羔时必备的草架、料槽、母仔栅栏、磅秤、产羔记录表、耳标、碘酒、药棉、胶布和常规药品等必须事先准备好。另外，给产羔母羊准备充足的优质干草和适当的精饲料和多汁饲料。

四 母羊分娩

胎位正常的羔羊，出生时一般是两前肢和头部先出，并且头部紧靠在两前肢的上面。若产双羔或多羔，先后间隔5～30min，但有时也长达数小时以上。母羊将胎儿全部产出后，于0.5～4h内排出胎衣，7～10天内常有恶露排出。分娩是母羊的正常生理过程，一般应让其自行分娩，但当分娩出现异常时，如下列情况时应及时助产。

1）如胎头已露出阴门外，而羊膜还未破裂，应立即撕破羊膜，排放羊水，使胎儿的口鼻露出并清理其中的黏液，待其生产。

2）若初产母羊骨盆及阴道狭窄或胎儿过大，生产困难，则应扩大母羊阴门，具体方法是：把胎儿两前肢拉出、送入，反复3～4次，然后助产人员一手拉胎儿前肢，一手扶胎儿头，随母羊努责将胎儿斜向下方拉出，动作要缓。

3）若羊水已排出，母羊阵缩无力时，接羔员应蹲在母羊体躯后侧，用膝盖轻压其腹部，等羔羊的嘴端露出后，用一只手向前推动母羊的会阴部，待羔羊头部露出时，再用一手拉头，另一手拉两前肢，随母羊努责斜向下方轻缓地把羔羊拉出。

4）若胎位不正，则应在母羊阵缩时，用手把胎儿推回腹腔，然后，再用手伸入母羊阴道，中指、食指伸入子宫探明胎位，帮助纠正，再待产出并给以辅助。若需要手术助产或剖腹产，则应请有经验的技术人员协助解决。

羔羊出生后，先将口鼻部的黏膜擦掉，并让母羊将羔羊舔干。如果母羊不舔，可在羔羊身上撒些麸皮。脐带一般会自然拉断，接羔人员要把脐带内的血液挤净，然后涂上碘酒消毒，也可以用烧烙器烙断。因分娩时间长，有的羔羊呈假死现象，可进行人工呼吸，以两手分别握住羔羊的前肢和后肢，慢慢活动胸部，或在鼻腔内进行人工吹气，使其复苏。

五 产后母羊的护理

母羊产后，身体虚弱，应让其很好休息，并给一些温糖盐水饮用，喂些麸皮和青干草。胎衣通常在产后2～3h排出，应及时取走，以防母羊吞食。哺乳期羔羊的营养主要依靠母羊，母乳是羔羊生长发育所需营养的主要来源，母羊乳汁多，羔羊生长发育就好，抗病力强，成活率高。因此，在产后1～3天，应对母羊进行补饲，以补饲多汁饲料及优质干草为主，适当补喂精饲料，每天每只母羊补饲0.25～0.5kg精饲料。常用饲料配方如玉米粉35%、小麦麸47%、豆饼或菜（棉）籽饼15%、食盐0.5%和矿物质预混料2.5%等；或玉米粉54.0%、小麦麸27.0%、黑豆8.0%、豆饼8.0%、石粉1.0%、磷酸氢钙1.0%、食盐1.0%。产后1～3天的母羊，不能饲喂过多精饲料，以免造成消化不良和发生乳腺炎；产后母羊不能饮冷水和冰水。

六 羔羊的护理

（1）吃好初乳 初乳营养丰富，含有初生羔羊所需的抗体。羔羊吃了初乳可促其胎粪排出，增强疾病的抵抗力。羔羊出生后1h即可站立行走吃奶，如果不能自己吃奶的应在接产人员辅助下进行，保证羔羊吃到初乳。若母羊有病、死亡、无奶或奶水不足时，应找保姆羊代乳。

（2）羔羊补饲 羔羊出生后10～15天要训练其采食能力。先让羔羊学吃饲草嫩叶，或选择优质、柔软的禾本科和豆科牧草，扎成直径为5cm的小草把，吊在羊舍四周，让其采食，或让羔羊采食颗粒料，30日龄每只每天50～100g，60日龄羔羊100～150g。

（3）羔羊管理 产羔室内应温度适中，地面干燥，垫草要经常更换，同时要防止羔羊被压伤、压死。对产羔羊舍要经常消毒保持舍内干净卫生。对病、弱、缺奶的羔羊要特殊护理，让其吃饱奶，保温好，对病羔要及时发现病情，对症治疗。

（4）预防羔羊疾病 羔羊容易发生的疾病有两种，一种是羔羊痢疾，另一种是肺炎。

1）羔羊痢疾主要是由于感染大肠杆菌、沙门氏菌和产气荚膜梭

菌所引起的，一般羔羊出生后 2～4 天，出现拉稀，粪便呈灰白色、浅黄色或绿色，贴在肛门附近，有特别的臭味，也有的粪便中有血。羔羊精神不佳、食欲不振，耳、鼻和四肢发凉，背弓起，颈屈头垂，全身无力，这种病羊死亡率较高，应注意预防和及时治疗。预防：可注射疫苗或在羔羊出生后连续喂给磺胺脒片（5 万单位/片），每天 2 片，连续 4～5 天。

2）肺炎主要是由于气候骤然变冷或羊舍过于潮湿，二氧化碳等气体不能及时排出而造成的。患病羔羊呼吸急促、咳嗽、气喘、流鼻涕，体温升高，无食欲。治疗：可注射青霉素 80 万单位，地塞米松 5mg，安痛定 5mL，一次肌内注射，每天注射 2 次；也可以服用磺胺噻唑，第 1 次喂 2g，以后每次喂 1g，每天 3 次，连服 3～4 天。

第四节　繁殖新技术的应用

繁殖新技术常用有诱导发情技术、同期发情技术、超数排卵技术、克隆技术（胚胎或体细胞）、胚胎移植技术、人工授精技术、早期断奶技术、一胎多羔技术等。

一　诱导发情技术

诱导发情的主要方法是利用促性腺激素、溶黄体激素或者某些生理活性物质（如初乳）及环境条件的刺激，通过内分泌和神经作用，促使卵巢从相对静止状态转变为机能活跃状态，从而促使卵泡的正常生长发育，以恢复母畜正常的发情和排卵的技术。

常用药物：促卵泡素，绒毛膜促性腺激素。

二　同期发情技术

同期发情是采用激素或类激素的药物处理就使母畜在特定的时间内集中发情和排卵的方法。通俗地讲，是使一群母畜中的大部分个体在相对集中的时间内同时发情。

常用药物：前列腺素，促性腺激素释放激素。

三　超数排卵技术

超数排卵，即指在雌性动物发情周期的适当时间，注射外源激

素，从而使血液中促性腺激素浓度升高，使卵巢上更多的卵泡发育并排卵。

常用药物：前列腺素，促卵泡素。

四 克隆技术（胚胎或体细胞）

克隆是英文“clone”一词的音译，简单讲就是一种人工诱导的无性繁殖方式，即人工操作羊的繁殖过程。这门生物技术叫克隆技术。清华大学生物科学与技术系教授郑昌学说，克隆通俗地讲就是“复制”“拷贝”生物，而不是靠父母繁育。随着生物科学技术的发展，克隆的内涵也在不断地扩大，只要是从一个细胞得到两个以上的细胞、细胞群或生物体，就可以称为克隆。由此分化所得到的细胞、生物体就是克隆细胞、克隆体。

五 胚胎移植技术

胚胎移植是将从配种后的良种母畜（供体）体内取出的早期胚胎，或者是由体外受精及其他方式获得的胚胎，移植到同种的生理状态相同或相似的母畜（受体）体内，使之继续发育成为新个体的过程，所以也称作借腹怀胎。胚胎移植技术不仅在研究羊卵子和卵母细胞的成熟、受精过程、胚胎早期发育以及胚胎与子宫内环境的关系等繁殖生物学问题上有着重要的应用，而且在促进羊体外受精技术、性别鉴定技术、转基因技术、胚胎分割技术和核移植技术等方面也起着至关重要的作用。随着这一技术的日趋发展和成熟，它已与发情控制、人工授精、超数排卵、动物克隆等现代生物技术和遗传育种理论紧密地结合在一起，在畜牧生产中显示了广阔的应用前景。

方法：供体、受体选择→同期发情（供体、受体）→超数排卵（供体）→配种（供体）→回收胚胎（供体）→检胚（体外）→胚胎移植（受体）。

应用技术：选种、选配、同期发情、超数排卵、手术移植。

六 早期断奶技术

放牧羔羊的正常断奶时间为4月龄，早期断奶是羔羊在产后

10～15 天进行早期补饲，在第 45～60 天时断奶。早期断奶可以使母羊尽快复壮，使母羊早发情、早配种，提高母羊的繁殖率。也可以促使羔羊肠胃机能尽快发育成熟，增加对纤维物质的采食量，提高羔羊体重和节约饲料。

七 一胎多羔技术

通过超数排卵，人工授精使一胎生多羔的技术。

方法：催情补饲、外源激素（如双羔苗）、生殖免疫（GnRH、LH、FSH、MLT、性激素类、抑制素类、前列腺素、催产素等）。

⚠【注意】 选留多胎母羊后代，早期断奶，短期优饲，及时配种。发情鉴定是关键。

第四章 肉羊饲料调制技术

第一节 青干草的调制

青干草是将牧草及禾谷类作物在质量和产量最好的时期刈割，经自然或人工干燥调制成长期保存的饲草。青干草可常年供家畜饲用。优质的干草，颜色青绿，气味芳香，质地柔松，叶片不脱落或脱落很少，绝大部分的蛋白质、脂肪、矿物质和维生素被保存下来，是家畜冬季和早春不可少的饲草。

一 青干草调制过程中营养物质变化规律

(1) 牧草干燥过程中水分散失的规律 正常生长的牧草水分含量为80%左右，青干草达到能储藏时的水分含量则为15%~18%，最多不得超过20%，而干草粉的水分含量为13%~15%。刈割后的牧草散失水分过程大致分为2个阶段：

第一阶段：也称凋萎期，此时植物体内水分向外迅速散发，在良好天气，经5~8h，禾本科牧草含水量减少到40%~50%，豆科牧草含水量减少到50%~55%。

第二阶段：是以植物细胞酶解作用为主的过程。这个阶段牧草植物体内的水分散失较慢，这是由于水分的散失由第一阶段的蒸腾作用为主，转为以角质层蒸发为主，而角质层有蜡质，阻挡了水分的散失，使牧草含水量由40%~55%降到18%~20%，需1~2天。

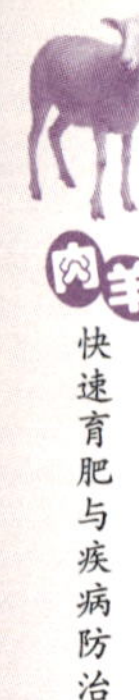

（2）晒制过程中其他养分的变化 在晒制青干草时，牧草经阳光中紫外线的照射作用，植物体内麦角固醇转化为维生素 D，这种有益的转化，可为家畜冬春季节提供维生素 D，而且是维生素 D 的主要来源。另外，在牧草干燥后，储藏时牧草植物体内的蜡质、挥发油、萜烯等物质氧化产生醛类和醇类，使青干草有一种特殊的芳香气味，增加了牧草的适口性。

晒制干草过程中营养物质的损失较大，总的营养物质要损失 20% ~30%，可消化蛋白质损失 30% 左右，维生素损失 50% 以上。

二 青干草调制的方法

长期以来，大部分国家和地区青干草调制的方法主要是自然干燥法，即选择适宜的时期和晴朗的天气刈割牧草，然后晒制而成。而一些畜牧业发达的国家也采用人工干燥法，人工干燥法调制的青干草品质好，但成本高。这里介绍国内外常用的青干草调制的方法。

1. 田间干燥法

田间晒制干草可根据当地气候、牧草生长、人力及设备等条件，分别确定平铺晒草法、小堆晒草法或平铺小堆结合晒草法，以达到更多地保存青饲料中养分的目的。

作物、牧草种类不同，饲草刈割期不同。一般栽培的豆科牧草在初花期、禾本科牧草在抽穗开花期刈割。天然牧草可在夏秋季刈割，但以夏季刈割调制的青草品质较优。人工栽培牧草应尽量实行非雨季节调制干草的方法。如河南、河北、山东、陕西等省栽培苜蓿，可用第一茬（5 月）晒草，第二、三茬（正处于 7 ~9 月雨季）做青饲料用。豆科牧草适宜刈割期为现蕾开花期，禾本科牧草则为抽穗开花期。

平铺晒草虽干燥速度快，但养分损失大，故目前多采用平铺与小堆结合晒草法。具体方法是：青草刈割后即可在原地或另选一地势较高处将青草摊开暴晒，每隔数小时翻草一次，以加速水分蒸发。一般是早上刈割，傍晚叶片已凋萎，其水分估计已降至 50% 左右，此时就可把青草集成高约 1m 的小堆，每天翻动 1 次，使其逐渐风干。如果遇天气恶化，草堆外层宜盖草苫或塑料布，以防雨水冲淋。天气晴朗时，再倒堆翻晒，直至干燥。

田间干燥法的优点是：①初期干燥速度快，可减少因植物细胞呼吸作用造成的养分损失；②后期接触阳光曝晒面积小，能更好地保存青草中的胡萝卜素，同时因堆内发热，可适当发酵，产生一定酯类物质，使干草具有特殊香味；③茎叶干燥速度趋于一致，可减少叶片嫩枝的破损脱落；④遇雨时，便于覆盖，不致受到雨水淋洗，造成水分的大量损失。

2. 草架干燥法

在湿润地区或多雨季节晒草，地面湿泥容易导致牧草腐烂和养分损失，故宜采用草架干燥。用草架干燥，可先在地面晾晒 4 ~ 10h，当含水量降到40% ~50%时，然后自下而上逐渐堆放。草架干燥方法，虽然要花费一定经费建造草架，且要耗费一定劳力，但能减少雨淋的损失，通风好，干燥快，能获得品质优良的青干草，营养损失也少。

3. 化学制剂干燥法

近几年来，国内外研究用化学制剂加速豆科牧草的干燥速度，应用较多的有碳酸钾、碳酸钾加长链脂肪酸混合液、碳酸氢钠等。其原理是这些化学物质能破坏植物体表面的蜡质层结构，促进植物体内的水分蒸发，加快干燥速度，减少豆科牧草叶片脱落，从而减少了蛋白质、胡萝卜素和其他维生素的损失。但成本较田间干燥和草架干燥方法高，适宜在大型草场进行。

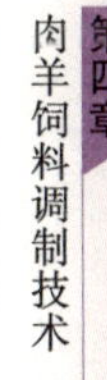

4. 人工干燥法

人工干燥法是通过人工热源加温使青草脱水。温度越高，干燥时间越短，效果越好。在干燥机内，温度 150℃，干燥 20 ~ 40min 即可；温度高于 500℃，干燥 6 ~ 10s 即可。高温干燥的最大优点是，时间短，不受雨水影响，营养物质损失少，能很好地保留原料本色。但机器设备耗资巨大，一台大型烘干设备需几百万元，且干燥过程耗资多。

第二节 粗饲料的制备

粗饲料是羊必需的饲料，通过对粗饲料的咀嚼，促进唾液缓冲液的分泌，可有效地控制瘤胃中的酸碱度，避免酸中毒发生。肉羊

粗饲料主要有青贮饲料和秸秆饲料。

一 青贮饲料

指提供厌氧（密闭缺氧）条件，促使附着于青贮原料上的乳酸菌大量繁殖，利用青贮原料中的可溶性糖和淀粉生成乳酸，以抑制或杀死所有微生物，从而最大限度地保存青绿植物营养成分的目的。

1. 青贮的原料

常见的有带棒青玉米秸秆、玉米秸秆、黑麦草、高粱秆、新鲜苜蓿、禾本科牧草、甜菜、胡萝卜等。

2. 青贮容器的种类

（1）地上青贮窖 该类型的青贮窖全部在地上，窖壁高1.5~2m，窖壁的厚度不低于70cm，以适应密闭的要求。

（2）青贮袋 青贮袋为双层塑料（由无毒的聚乙烯或聚丙烯制成）结构，直径为1.5~3m，高度为2~3m，每层塑料厚度应在0.1mm以上，外层白色，内层黑色，白色反射阳光，黑色抵抗紫外线对饲料的破坏作用。制作方法：一是将切碎的青贮原料装入用塑料薄膜制成的青贮袋内，装满后用真空泵抽空密封，存放于干燥的野外或室内；二是用打捆机将青绿牧草打成草捆，用特制的塑料薄膜密封，置于野外发酵。

3. 青贮容器的要求

（1）不透气 不透气是调制优质青贮饲料的首要条件，无论用哪种材料修建，必须做到严密不透气。为防止透气，可在青贮窖内壁衬一层青贮特制塑料薄膜。

（2）不透水 青贮设施不要在靠近水塘、粪池的地方修建，以免污水渗入。最好建设地上青贮窖。

（3）壁面光滑平直 青贮设施的墙壁要求平滑垂直、圆滑，这样才有利青贮饲料的下沉和压实。

（4）要有一定的深度 宽度和直径应小于深度，宽度和深度之比为1:1.5或1:2，以利于借助青贮原料的重力压紧压实，并减少窖内的空气，保证青贮质量。

（5）防冻 必须能够防冻，以免青贮原料冻结，影响使用。

4. 青贮设施的容量

青贮设施应大小适中。一般而言，青贮设施越大，原料的损耗就越少，质量就越好。在实际应用中，要考虑到饲养羊只数多少，每天由青贮窖内取出的饲料厚度不少于10cm。青贮原料的容重估计见表4-1。

表4-1　青贮饲料的容重估计　　（单位：千克/m^3）

青贮原料种类	青贮饲料重量
全株玉米、向日葵	500～550
玉米秸	450～500
牧草、野草	600

5. 青贮饲料的制作与使用

（1）青贮饲料的制作　首先将青贮原料切短，长度在2cm左右；然后装窖，每次填入窖内约20cm厚，用装载车充分压紧踏实，以后每填一次压紧一遍，直至装到超过窖口0.5m以上；最后封顶，先盖一层切短的秸秆或软草（厚为20～30cm），或铺盖青贮窖塑料薄膜，再覆盖厚约0.5m的泥土压实或用汽车轮胎压实。覆盖后，连续5～10天检查青贮内容物的下沉情况，及时把裂缝用湿土封好，覆盖物必须高出青贮窖边缘，防止雨水、雪水流入窖内。

（2）青贮添加剂选用　甲醛、甲酸，抑制微生物，提高青贮的质量；尿素，添加量为0.3%～0.5%，提高蛋白质8～10g/kg；硫酸钠，添加量为0.2%～0.3%，含硫氨基酸增加2倍。

（3）发酵时间　一个半月。

（4）存放方法　在严冬季节不宜放在室外，以免冰冻；夏季取出后不宜久放，以免二次发酵。

（5）取用及饲喂方法　应先从背风的一头开始，逐渐向前开取。开始饲喂要由少到多，逐渐增加；停止饲喂要逐步减喂，使羊有一个适应过程。

二 秸秆饲料的调制

1. 切短和粉碎

秸秆可切短到2～3cm长，或用粉碎机粉碎，但不宜过细。切短

或粉碎后可直接喂羊，也可以用清水或淡盐水浸泡后再喂。浸泡软化可提高适口性，增加采食量。

2. 氨化处理

把切短的秸秆按每100kg秸秆洒入25%的氨水12~20kg，也可按100kg秸秆洒入30~40kg尿素配制的溶液，拌匀后装入不漏气的塑料袋内，装满后扎紧袋口即可。或利用池子边拌边装，装完后用塑料布盖好，上面压紧，决不能漏气。温度保持在20℃以上，经过20天左右启封，自然通风12~24h，氨味消除后即可喂羊。

3. 秸秆碱化

将麦秸或稻草铡成3cm长短，用1%石灰水100kg处理33kg草，将秸秆和水装入缸内或水泥池中，充分浸润，上面用石块压实，再加石灰水，保持水面淹浸原料，浸渍一昼夜，原料被浸透，用手抓感觉柔软时捞出，沥去石灰水，用清水淘洗干净即可喂羊。

4. 秸秆微贮

秸秆微贮又称黄贮，就是把农作物秸秆加入微生物活性菌种，经一定时间的发酵后，将秸秆中的纤维素、半纤维素转化为菌体蛋白和易消化吸收成分的一种方法。

制作方法与青贮制备过程相同。制作前，对贮窖彻底清扫，晾干后再贮；过程为将玉米秸秆切碎为3~5cm，按干秸秆或草粉的2‰~3‰添加专用酶制剂。有时，为了提高黄贮的质量，向贮料中添加0.5%~1%的玉米面，为乳酸菌发酵提供充足的糖原；添加0.5%的尿素，提高黄贮蛋白质含量；添加3.6kg/t甲醛，抑制贮料发霉和改善贮料风味等。补加水分使含水量达到65%~75%为宜。贮料是否压实，主要取决于贮料的长短、含水量多少和压实的方法。

第三节 其他饲料的制备

一 饲草饲料的制备

1. 饲草饲料的种类及储备

饲料储备因饲养的品种不同储备量有所差异，对地方品种而言，每年每只羊需储备秸秆或干草300~400kg，多汁饲料60~100kg，精饲料60～100kg，青草按3.4～4.2kg/(只·天)计算。对肉用品种或小尾寒羊来讲，每年每只羊需储备青饲料180～250kg，青贮秸秆1100～1200kg，多汁饲料180～260kg，精饲料270～300kg。通常在储备饲料时，储备量要比需要量高出10%。

2. 饲草饲料的加工、调制

舍饲羊的饲料来源包括各种农作物秸秆，如玉米秸秆、稻草、小麦秸、豆秸、燕麦草、花生秧、菜叶、树叶等。将秸秆切短后经青贮、氨化、微贮等处理后可提高其适口性和营养价值以及消化率，是舍饲羊的基础饲料。调制禾本科干草，应在抽穗期收割；豆科或其他干草应在开花期收割。青干草的含水量应在15%以下，绿色、芳香、茎枝柔软、叶片多、杂质少是制作青干草的要求，而且应打捆和设棚储藏，防止营养损失。干草在饲喂时要切碎，切割长度为3cm以上，防止浪费。精饲料包括玉米、大麦、麦麸、米糠、油饼、糟粕、糟渣等。库存精饲料的含水量不得超过14%，谷实类饲料喂前应粉碎成1～2mm的小颗粒。一次加工的量以10天内喂完为宜，大型羊场最好每天现喂现加工。

二 草颗粒制作

将干燥的粗饲料，如秸秆、野草、青干草、干苜蓿等，粉碎，经过颗粒机压制成大小不等的草颗粒。现在草颗粒在制作过程中又添加了微生态制剂、酶制剂、精补料，提高了草颗粒的营养价值和消化利用率，是未来育肥羊发展的一个主要方向。

第五章

肉羊的营养需要与饲料配制

第一节　肉羊的消化生理特点

一 羊主要器官及功能

羊属于反刍动物，具有瘤胃、网胃、瓣胃和皱胃四个室。前3个胃总称为前胃，其黏膜无胃腺，不能分泌胃液。皱胃壁黏膜有腺体，其分泌物（胃液）含有酶，功能是将复杂物质进行分解，与单胃动物相同。

（1）瘤胃　羊胃的容积较大，其中瘤胃的容积最大，占整个胃容积的78%～85%。瘤胃是一个天然的连续发酵罐，既能保证羊在较短的时间内采食大量的饲料，又有利于瘤胃内微生物生存和发酵，供给羊所需要的营养。

（2）网胃　对饲料有二级磨碎功能，并继续进行微生物消化，也参与反刍活动。

（3）瓣胃　瓣胃内壁有大量皱褶，对饲料的研磨能力很强，使食糜变得更细。

（4）皱胃　皱胃称为真胃，胃壁黏膜有腺体，能分泌消化液，主要是盐酸和胃蛋白酶，对食物进行化学性消化。

（5）小肠　羊的小肠细长曲折，约为25m。胃内容物进入小肠后，经各种消化液（胰液和肠液等）进行化学性消化，分解的营养物质被小肠吸收。未被消化吸收的食物，由于小肠的蠕动而被送到大肠。

(6) 大肠 羊的大肠直径比小肠大，长度比小肠短。大肠的主要功能是吸收水分和形成粪便。在小肠内未被消化的食物进入大肠，也可在大肠微生物和由小肠带入大肠的各种酶的作用下，继续被消化吸收，余下部分排出体外。

一般羊胃总容积约30L，其中瘤胃23.5L、网胃2L、瓣胃1L、皱胃3.5L；小肠长17~34m（平均约25m），大肠长4~13m。

二 瘤胃微生物与消化特点

1. 瘤胃微生物的种类及功能

瘤胃是反刍动物所特有的消化器官，是食物的储存库，除具有机械作用外，瘤胃内还有广泛的微生物区系活动。主要微生物有细菌、原虫和真菌，其中起主导作用的是细菌。

(1) 细菌 瘤胃细菌种类繁多，按其功能可分为纤维素分解菌、蛋白质分解菌、淀粉分解菌、脂肪分解菌、维生素合成菌、产甲烷菌、产氨菌、利用酸菌和利用糖菌等。纤维素分解菌能分泌纤维素分解酶，使纤维性物质产生挥发性脂肪酸，供羊体利用。纤维素分解菌对pH变化很敏感，若瘤胃液中pH低于6.2，将严重抑制纤维素分解菌的生长。最重要的3种纤维素分解菌是白色瘤胃球菌、黄色瘤胃球菌和产琥珀酸拟杆菌。淀粉分解菌主要有嗜淀粉拟杆菌、解淀粉琥珀酸单胞菌。产氨菌主要分解蛋白质产生氨气，包括尿瘤胃拟杆菌、反刍兽新月形单胞菌、丁酸弧菌等。

(2) 原虫 瘤胃原虫主要有纤毛虫纲和鞭毛虫纲。原虫可利用纤维素，但其主要的发酵底物是淀粉和可溶性糖。原虫通过降低瘤胃液内淀粉和可溶性糖浓度，控制瘤胃内挥发性脂肪酸的生成，使瘤胃内pH保持恒定。原虫在营养方面也存在负效应，因为原虫主要依靠吞食细菌和真菌来合成自身的蛋白质，使纤维物质的利用率降低；另外，由于原虫体积较大，在瘤胃滞留时间长，大部分原虫在瘤胃中自溶死亡，很少进入真胃和十二指肠被羊利用。

(3) 厌气性真菌 羊体内主要的一种厌气性真菌是藻红真菌属，它是一种首先侵袭植物纤维结构的瘤胃微生物，能从内部使木质素纤维强度降低，使纤维物质在羊反刍时易于被破碎，这就为纤维素

分解菌在这些碎粒上栖息、繁殖和消化创造了条件。瘤胃真菌也可以发酵半纤维素、木聚糖、淀粉和糖类。

2. 消化特点

（1）反刍 反刍是羊的正常消化生理机能。羊在短时间内能采食大量的草料，经瘤胃浸软、混合和发酵，随即出现反刍。反刍时，羊先将食团逆呕到口腔内，反复咀嚼 70～80 次后，再咽入瘤胃中，如此逐一反复进行。每天反刍次数为 8 次左右，逆呕食团约 500 个，每次反刍持续 40～60min，有时可达 1.5～2h。反刍次数及持续时间与草料种类、品质、调制方法及羊的体况有关。长途运输、过度疲劳、患病或受外界的强烈刺激，会造成反刍紊乱或停止，对羊的健康造成不利影响。

反刍是羊的重要消化生理特点，反刍停止是疾病的征兆，不反刍会引起瘤胃臌气，严重的可造成死亡。羔羊出生后约 20 天开始出现反刍行为。如果在哺乳期，提早补饲易消化的颗粒饲料，能刺激前胃的发育，提前出现反刍行为。

（2）瘤胃消化机能特点 瘤胃的消化是通过微生物来完成的，消化代谢通过反刍来调节。瘤胃微生物对羊的特殊营养作用，可以概括为以下 3 个方面。

1）分解粗纤维。羊对粗纤维的消化率为 50%～80%（平均为 65%），主要依靠瘤胃微生物将粗纤维分解为低分子脂肪酸（如乙酸、丙酸和丁酸等），并经瘤胃壁吸收后进入肝脏，用于合成糖原，提供能量。部分脂肪酸被微生物用来合成氨基酸和蛋白质。羊昼夜分解粗纤维生成的脂肪酸可达 500g，能满足其对能量需要的 40%，其中主要是乙酸。

2）合成菌体蛋白，改善日粮品质。日粮中的含氮化合物在瘤胃微生物作用下，降解为肽，氨基酸和氨是合成菌体蛋白的原料。一部分氨被瘤胃壁吸收后在肝脏合成尿素，大部分尿素可随唾液再进入瘤胃，被微生物再次降解和利用。在瘤胃中未被分解的蛋白质（包括菌体蛋白）进入皱胃和小肠，在胃、肠蛋白酶的作用下，被消化吸收。瘤胃发酵不仅改善了日粮的蛋白质结构，也使羊能有效地利用非蛋白氮（NPN）。饲料蛋白在瘤胃中被消化的数量主要取决于在瘤胃内的降解率和通过瘤胃的速度。非蛋白氮（如尿素）的分解速度相当快，在瘤胃中几乎全部分解，饲料中的可消化蛋白质约有70%被水解。饲料中总氮含量、蛋白质含量以及可发酵能的浓度是影响瘤胃微生物蛋白合成量的主要因素。另外一些微量元素，如锌、铜、钼等，也对瘤胃微生物合成菌体蛋白具有一定的影响。

3）合成维生素。瘤胃微生物可以合成B族维生素，包括维生素B_1、维生素B_2、维生素B_6、维生素B_{12}、泛酸和烟酸等。瘤胃微生物在正常情况下保持较稳定的区系活性，同时也受饲料种类和品质的影响。突然变换饲料或采食过多精饲料都会破坏微生物区系活性，引起羊的消化代谢紊乱。所以，在以粗饲料为主的日粮中添加尿素等时，必须保证有一定的能量水平，只有这样才能有效地利用日粮中的非蛋白氮。碳水化合物中淀粉的比例增加，可提高B族维生素的合成量。补饲钴，可增加维生素B_{12}的合成量。瘤胃微生物还可以合成维生素K。一般情况下，瘤胃微生物合成的B族维生素和维生素K足以满足各种生理状况下的需要，不需要另外添加。

4）对脂类有氢化作用，可以将牧草中不饱和脂肪酸转变成羊体内的硬脂酸。同时，瘤胃微生物也能合成脂肪酸。

第二节　肉羊的营养需要

羊的营养需要包括维持需要和生产需要。维持需要是指羊为了维持其正常生命活动所需要的营养物质。生产需要包括生长、繁殖、泌乳、产毛、育肥等营养需要。肉羊的营养需要包括干物质的采食量、蛋白质、能量、脂肪、维生素、矿物质和水。

一　干物质的采食量

干物质（DM）是指各种绝对干的固形饲料养分需要量的总称。一般用干物质采食量（DMI）来表示。干物质采食量是一个综合性的营养指标。日粮中干物质过高，羊吃不下去；干物质不足，养分浓度低，羊生长缓慢，生产性能下降。在配制日粮时，要正确协调干物质采食量与营养浓度的关系，严格控制干物质采食量。一般肉羊干物质采食量为体重的3%～5%。

羊进食饲料的种类比较广泛，进食量往往与生产性能和对饲料的利用率有直接关系。生产中影响羊采食量的因素很多，如饲料种类、日粮组成、环境因素、饲喂方式、羊的体重等，特别是体重是羊采食量的决定因素。羊的采食量也受季节性的影响，冬季采食量高，夏季采食量低；在20℃时进食量最高，温度超过27℃时，羊的进食量开始下降。

二 蛋白质的需要量

粗蛋白质包括纯蛋白质和氨化物。蛋白质是由多种氨基酸组成的，对蛋白质的需求也就是对氨基酸的需求，它是细胞的重要组织成分。参与机体内代谢过程中的生化反应，在生命过程中起着重要作用。肉羊对蛋白质的需要数量和质量要求并不严格，因瘤胃微生物能利用蛋白氮和氨化物中的氮合成生物价值较高的菌体蛋白。但瘤胃微生物合成必需氨基酸的数量有限，必需氨基酸需从饲料中获得。

能量和蛋白质是肉羊营养中的两大重要指标。日粮中两大指标的比例关系直接影响肉羊的生产性能。日粮中蛋白质适量或其生物学价值高，可提高饲料代谢能的利用，使能量沉积量增加。日粮中能量浓度低，蛋白质量不变，羊为满足能量需要，增加采食量，则蛋白摄取量过多，多采食的蛋白转化为低效的能量，很不经济。反之，日粮中能量过高，采食量少，而蛋白质摄取不足，日增重就下降。因此，日粮中能量和蛋白质要保持合理的比例。可以节省蛋白质，保证能量最大利用率。

肉羊对蛋白质需求量随年龄、体况、体重、妊娠、泌乳等不同而异。幼龄羊生长发育快，对蛋白质需求量就多。随年龄的增长，生长速度减慢，其对蛋白质的需求量随着下降。妊娠羊、泌乳羊、育肥羊对蛋白质的需求量相对较高。

(1) 羔羊的蛋白质需要量 在羔羊刚出生阶段，母乳中所提供的可消化粗蛋白质可以满足羔羊的维持和生长需要，羔羊的维持蛋白质需要量随着体重的增加而增长，到一定时期，母乳所提供的可消化粗蛋白质已经不能满足羔羊的维持和生长需要，因此，需要补饲蛋白质精饲料。

（2）妊娠期绵羊蛋白质的需要量 妊娠期绵羊的日粮中每天至少要提供10g/MJ的粗蛋白质，才能最大限度地满足微生物合成菌体蛋白（MCP）的需要。在妊娠初期，日粮中净蛋白含量达到5.7g/MJ时，才能满足瘤胃合成MCP的需要。在妊娠的最后三周，母羊的能量需要量比较高，所以只要在日粮中添加瘤胃非降解蛋白就能满足母羊对蛋白质的需要。实际生产中，绵羊妊娠到第三个月时，对能量的需要量较低，仅仅处于维持水平，日粮中蛋白质含量为10g/MJ时，就能满足母羊的需要。在妊娠中期，如果摄入的能量低于维持的水平，就必须向日粮中添加降解率低的蛋白或是添加过瘤胃保护蛋白，以保证母体蛋白不受损失。

（3）哺乳绵羊的蛋白质需要量 处于哺乳期的绵羊体重都有所下降，主要是泌乳消耗所致。哺乳期母羊蛋白质需要所要遵循的三个原则：①能量的摄入量维持在一定水平时，蛋白质的需要量有一最小值，低于这个最小值，泌乳量将会下降；②泌乳量随着粗蛋白质/代谢能（CP/ME）比值的增大而增加；③在代谢能摄入不变的情况下，如果母羊没有达到最大泌乳量，这时增加日粮的粗蛋白质含量，可较明显地提高泌乳量。

如果母羊对能量的摄入量能够满足哺乳的要求，每天提供11g/MJ的粗蛋白质，可以保证母羊的泌乳量为2kg/天；给能量摄入量不足的母羊补充大量的瘤胃可降解蛋白和过瘤胃蛋白，可以显著提高泌乳量。

三 能量的需要量

能量是肉羊的基础营养之一，能量水平是影响生产力的重要因素。肉羊对能量的需要，实际是占饲料90%以上的有机物质的总需要。只要能量得到满足，各种营养物质如蛋白质、矿物质、维生素等才能发挥其营养作用。否则，即使这些营养物质在日粮的含量能满足需要，仍会导致肉羊体重下降、生产性能下降、健康恶化。

肉羊对能量的需求除与体重、年龄、生长及日粮中能量与蛋白质的比例有关外，还随生活环境（温度、湿度、风速等）、活动程度、肥育、妊娠、泌乳等因素而变化，一般放牧羊比舍饲羊消耗热量多，冬季较夏季多耗热能70%～100%，哺乳双羔需要能量高出维

持需要量的1.7～1.9倍。

能量过高对肉羊生产成绩也不利，要掌握控制方法，限量饲喂，限制采食时间，增加粗饲料比例等。

四 脂肪的需要量

羊体内的脂肪主要是由饲料中碳水化合物转化为脂肪酸后再合成的，但羊体不能直接合成，必须从饲料中获得。豆科作物籽实、玉米糠及稻糠等均含有较多脂肪，是羊日粮中脂肪的重要来源，一般羊日粮中不必添加脂肪。肉羊的日粮中脂肪含量超过10%，会影响羊的瘤胃微生物发酵，阻碍羊体对其他物质的吸收和利用。

五 维生素的需要量

肉羊应补充维生素A、维生素D、维生素E。羔羊在瘤胃未发育成熟前，日粮应补充维生素B_1 3～8mg/kg和维生素B_{12} 0.02～0.05μg/kg。维生素E需要量是每千克干物质为15mg为好，表5-1为维生素的推荐量。近年来的研究表明，烟酸、生物素和胆碱对羊瘤胃微生物的繁衍和瘤胃内环境稳定都有明显作用，添加这些维生素对粗饲料在瘤胃的降解与代谢都有促进作用。

表5-1 羊脂溶性维生素需要量的推荐量 Kessler（1991）

维生素	日需要量/国际单位
维生素A	3500～11000
维生素D	250～1500
维生素E	5～100

六 矿物质的需要量

羊需要多种矿物质元素，矿物质元素是羊体内组织不可缺少的组成部分，它的缺乏或过量，都会影响羊的生长发育、繁殖和产品生产，严重时会导致羊的死亡。根据已有的研究结果，羊对矿物质元素的需要量种类约有23种，其中包括Na、K、Ca、Mg、Cl、P和S 7种常量元素，另外还有I、Fe、Cu、Zn、Mn、Se、Mo、Co、Ni、

V、Si、F、Cr 和 As 等 16 种微量元素。对于 Ca、P、Mg、Na、K、Se、Zn、Mn 和 Fe 等矿物质元素的需要量，常采用析因法得出。矿物质元素的需要量测定有许多方法，其中包括矿物质平衡试验方法、饲养试验方法、比较屠宰试验方法及同位素标记法。

NRC 关于磷的需要量以钙需要量的 70% 为标准，即羊要求日粮中钙、磷比为 1∶0.7，羊日粮中钙、磷比不能低于 1.2∶1。NRC（1981）和 Morand-Fehr（1981）认为羊日粮中添加 NaCl 5g/kgDM 即可满足羊对 Na 和 Cl 的需要量。羊对钾的需要量一般为饲料干物质的 0.5% ~0.8%。铜的需要量为 8 ~10mg/kg 干物质。1kg 干物质含钴 0.11mg 就能满足羊对钴的需要量。羊对碘的需要量为 0.4 ~0.6mg/kgDM；当碘的含量等于 0.3mg/kgDM 时，羔羊应就会出现甲状腺肿大。羊对锰的需要量应为 40 ~45mg/kgDM。羊对锌的正常需要量在 40 ~60mg/kgDM 之间（表 5-2）。

表 5-2　舍饲羊只主要微量元素推荐量 AFRC（1998）

元　　素	推荐量/mg/kg DM
Cu	10 ~20
Zn	50 ~80
Co	0.11 ~0.2
I	0.15 ~2.0
Mn	60 ~120
Fe	30 ~40
Se	0.05 ~0.5

第三节　肉羊饲养标准与日粮配方

一　肉羊饲养标准

肉羊的饲养标准是根据科学试验结果、结合实践养殖经验，对不同品种、年龄、性别、体重、生理状况、生产方向和生产水平的羊，科学地规定每只羊每天通过饲料供应的各种营养物质的数量。

从理论上讲，肉羊的饲养标准就是由维持饲养和生产饲养两部分组成。肉羊维持饲养是肉羊在维持体重不变，身体健康，各种营养物质平衡为零，不生产任何产品的情况下，所需要的营养。维持饲养的营养需要量随其体重和管理方式而不同。体重愈大，需要量愈多。舍饲饲养方式则小于放牧饲养的维持需要量。了解肉羊的营养需要是确定饲养标准，合理配合日粮，进行科学养羊的依据，也是维持肉羊的健康及其生产性能的基础。肉羊饲养标准是设计肉羊日粮配方的依据，现主要有中国饲养标准 NY/T 816—2004 和美国 NRC 标准等。饲养标准包括饲料原料营养价值和羊营养需要量。饲养标准在应用中不能生搬硬套，各地应依据羊的品种、生产性能、自然条件和饲养水平等生产实际情况加以调整。

二 肉羊的日粮配合

日粮是指一只羊在一昼夜内采食各种饲料的总和。饲料配方是根据饲养标准和饲料营养成分，选择几种饲料按一定比例互相搭配，使其满足羊营养需要的一种日粮方剂。

应用配合饲料的主要好处：①节省饲料，提高饲料转化率。配合饲料由饲料按比例进行科学配合而成，由于各营养物质互补和添加剂的调整作用，不仅营养全面、平衡、利用率高，还能增进健康，提高生产率。②缩短饲养期，提高出栏率。采用配合饲料，羊单位增重耗料少、生长快、出栏快，能降低成本，提高经济效益。③合理利用和扩大饲料来源。

1. 日粮配合原则

1）必须根据营养需要和饲养标准，并结合饲养实践予以灵活运用，使其具有科学性和实用性。

2）要兼顾日粮成本和生产性能的平衡，必须考虑肉羊的生理特点，因地制宜，选用适口性强，营养丰富且价格低廉，用后经济效益好的饲料，以小的投入获取最佳效益。

3）配合的日粮能被肉羊完全采食。

2. 日粮设计举例说明

现有一批活重 30kg 羔羊进行育肥，计划日增重 300g，试用干草、干苜蓿、玉米、豆饼 4 种饲料，配制育肥羊日粮。

配制步骤和方法：

第一步：查阅饲养标准表，记下育肥羊的营养需要量，同时查饲料营养价值表，记下所用几种饲料营养成分，查阅结果列表。

第二步：计算粗饲料的营养量。设日粮中粗饲料给量60%，则两种干草混合的总给量为羔羊日需干物质总量1.3kg×0.6=0.78kg，混合精饲料的干物质给量则为1.3kg×0.4=0.52kg。

混合干草可提供的各种营养如下：设干草和苜蓿配比分别为70%和30%，则干草日给干物质量0.78kg×0.7=0.546kg，苜蓿日给干物质量0.78kg×0.3=0.234kg。风干量，干草0.546kg÷0.9221=0.5921kg，苜蓿0.234kg÷0.9245=0.2531kg。可提供的营养物质分别为，消化能=0.5921kg×7.99+0.2531kg×10.13=7.2948MJ；粗蛋白质=592.1g×0.112+253.1g×0.123=97.45g；钙=592.1g×0.0098+253.1g×0.0167=10.31g；磷=592.1g×0.0041+253.1g×0.00521=3.74g。消化能和粗蛋白质分别比羔羊的日需要量少9.855MJ和93.55g，即17.15MJ－7.2948MJ=9.8552MJ；191g－97.45g=93.55g，钙∶磷=1∶2.759，处于合理范围内［1∶(2～3)］。

第三步：调配玉米和豆饼两种精饲料以补充其所缺少的消化能和粗蛋白质。设所缺消化能玉米解决70%，则由玉米提供的消化能=9.8552MJ×0.7=6.8986MJ，玉米所给的风干饲料量为6.8986MJ÷14.02MJ/kg=0.4925kg，玉米所提供的粗蛋白质0.4925kg×69.5=34.23g。豆饼提供的消化能为9.8552MJ－6.8986MJ=2.9566MJ，豆饼所给的风干饲料量为2.9566MJ÷18.16MJ/kg=0.1629kg，豆饼提供的粗蛋白质为0.1629kg×0.421=68.59g。由豆饼、玉米可提供的粗蛋白质量为：34.23g+68.59g=102.82g。

从这个日粮配合来看，需干草0.5921kg；苜蓿干草0.2531kg；玉米0.4925kg；豆饼0.1629kg。含干物质1.3292kg，消化能17.1561MJ，粗蛋白质200.27g，完全能满足育肥羔羊对消化能和粗蛋白质及钙、磷的需要。

三 日粮配方推荐

推荐日粮配方见表5-3～表5-14。

表 5-3　育肥肉羊饲料配方

体重/kg	饲料种类						
	玉米（%）	麸皮（%）	豆饼（%）	胡麻饼（%）	磷酸氢钙（%）	食盐（%）	维生素及微量元素（%）
20～30	59	3	30	4.5	2	1	0.5
30～40	60	4	25	7.5	2	1	0.5
40～50	60	9	20	7.5	2	1	0.5
50～60	61.5	9	12	14	2	1	0.5
60～70	61.5	9	12	14	2	1	0.5

表 5-4　种公羊非配种期日粮配方

精饲料配方	玉米（%）	胡麻饼（%）	麸皮（%）	矿物质维生素（%）	食盐（%）
	69	17	12	1	1
日粮组成	精饲料0.4kg，苜蓿干草0.8kg，青贮玉米2.5kg，玉米秸秆0.5kg。日粮含干物质2.12kg，代谢能22.54MJ，可消化蛋白179.2g，钙12.2g，磷4.2g				

表 5-5　种公羊配种期日粮配方

精饲料配方	玉米（%）	豆饼粕（%）	菜籽粕（%）	胡麻饼（%）	麸皮（%）	矿物质维生素（%）	食盐（%）
	69	10	9	5	5	1	1
日粮组成	精饲料0.8kg，苜蓿干草1.0kg，青贮玉米2.5kg，胡萝卜0.5kg。日粮含干物质2.19kg，代谢能26.7MJ，可消化蛋白255.5g，钙14.0g，磷6.5g						

表 5-6　空怀母羊日粮配方

精饲料配方	玉米（%）	胡麻饼（%）	麸皮（%）	矿物质维生素（%）	食盐（%）	尿素/g
	68	17	13	1	1	5
日粮组成	精饲料0.2kg，苜蓿干草0.3kg，青贮玉米0.7kg，玉米秸秆0.5kg。日粮含干物质1.1kg，代谢能101.4MJ，可消化蛋白76.5g，钙5.4g，磷1.3g					

表 5-7　妊娠母羊日粮配方

精饲料配方	玉米（%）	葵花饼（%）	麸皮（%）	矿物质维生素（%）	食盐（%）	磷酸氢钙（%）
	75	6	16	1	1	1
日粮组成	精饲料 0.4kg，苜蓿干草 0.4kg，玉米秸秆 0.7kg。日粮含干物质 1.37kg，代谢能 13.6MJ，可消化蛋白 92.3g，钙 7.4g，磷 3.0g					

表 5-8　泌乳母羊日粮配方

精饲料配方	玉米（%）	胡麻饼（%）	麸皮（%）	矿物质维生素（%）	食盐（%）
	64	22	12	1	1
日粮组成	精饲料 0.4kg，苜蓿干草 0.5kg，玉米秸秆 0.7kg，胡萝卜 1kg。日粮含干物质 1.6kg，代谢能 17.2MJ，可消化蛋白 118.6g，钙 9.1g，磷 3.2g				

表 5-9　育成前期（3～8 月龄）日粮配方

精饲料配方	玉米（%）	胡麻饼（%）	豆饼（%）	麸皮（%）	磷酸氢钙（%）	矿物质维生素（%）	食盐（%）
	67	12.5	7.5	10	1	1	1
日粮组成	精饲料 0.4kg，苜蓿干草 0.6kg，玉米秸秆 0.2kg。日粮含干物质 1.1kg，代谢能 11.6MJ，可消化蛋白 126.8g，钙 7.7g，磷 3.0g						

表 5-10　育成期（9 月龄至配种月龄）日粮配方

精饲料配方	玉米（%）	胡麻饼（%）	葵花饼（%）	麸皮（%）	磷酸氢钙（%）	矿物质维生素（%）	食盐（%）
	45	25	13	14	1	1	1
日粮组成	精饲料 0.5kg，青贮玉米 2.0kg，玉米秸秆 0.6kg。日粮含干物质 1.69kg，代谢能 17.4MJ，可消化蛋白 110.6g，钙 5.5g，磷 5.3g						

表 5-11　乳羔羊颗粒料配方

精饲料配方	玉米（%）	胡麻饼（%）	豆饼（%）	麸皮（%）	矿物质维生素（%）	食盐（%）
	65	15	8	10	1	1
日粮组成	精饲料 0.4kg，苜蓿干草 0.6kg，玉米秸秆 0.2kg。日粮含干物质 1.1kg，代谢能 11.6MJ，可消化蛋白 126.8g，钙 7.7g，磷 3.0g					

表 5-12　断奶羔羊强度育肥饲料配方

精饲料配方	玉米（%）	胡麻饼（%）	菜籽粕（%）	麸皮（%）	矿物质维生素（%）	食盐（%）
	73	10	10	5.5	1	0.5
日粮组成	精饲料 0.5kg，苜蓿干草 0.3kg，玉米秸秆 0.2kg。日粮含干物质 0.9kg，代谢能 11.56MJ，可消化蛋白 101.2g，钙 6.9g，磷 2.7g					

表 5-13　当年羔羊强度育肥饲料配方

精饲料配方	玉米（%）	胡麻饼（%）	葵花饼（%）	麸皮（%）	矿物质维生素（%）	食盐（%）
	56	20	8.5	14	1	0.5
日粮组成	精饲料 0.5kg，苜蓿干草 0.4kg，玉米秸秆 0.8kg。日粮含干物质 1.5kg，代谢能 14.8MJ，可消化蛋白 115.0g，钙 7.1g，磷 2.4g					

表 5-14　成年羊强度育肥饲料配方

精饲料配方	玉米（%）	胡麻饼（%）	葵花饼（%）	菜籽粕（%）	麸皮（%）	米糠（%）	矿物质维生素（%）	食盐（%）	石粉（%）
	38	20	10	14	10	5	1	1	1
日粮组成	精饲料 0.5kg，青贮玉米 2.0kg，稻草 0.6kg。日粮含干物质 1.68kg，代谢能 17.3MJ，可消化蛋白 116.9g，钙 6.6g，磷 4.6g								

第四节　育肥羊常用添加剂和营养调控剂

一　营养添加剂

营养添加剂是用少量或微量添加剂，补充日粮中某些营养物质的不足，完善日粮的全价性，从而提高饲料的利用率。舍饲育肥的羊补饲添加剂饲料，可以平衡羊日粮中缺乏的营养物质，以增强前胃微生物的合成速度，从而提高营养物质的消化率和利用率。

非蛋白氮（NPN）添加剂可部分替代饲料中的天然蛋白质，而被广泛应用于羊营养日粮中。用于羊育肥的非蛋白氮化合物主要是尿素。

（1）尿素的饲用价值　尿素的分子式为 NH_2CONH_3，由氮和二

氧化碳在高温高压下化合而成。纯尿素含氮量47%，如果尿素中的氮被瘤胃微生物合成蛋白质，则1kg尿素相当于2.6～2.8kg蛋白质，即相当于6.5kg豆饼中所含的蛋白质。

（2）尿素的毒性 尿素本身是无毒的，但其分解释放氨的速度是微生物合成蛋白质速度的4倍左右。水解释放出来的氨会与二氧化碳很快结合形成氨基甲酸，然后进入血液就会发生中毒。羊尿素中毒症状一般在喂后30～60min内发生，症状轻时表现为精神不振、动作不协调；症状重时表现为四肢抽搐，瘤胃臌气，呼吸困难。如果不及时治疗，可在2～3h内死亡。发生尿素中毒最简单易行的急救方法，是给中毒羊灌服5%乙酸溶液或食醋。

（3）影响尿素利用的因素

1）日粮中的碳水化合物。微生物利用氨合成微生物蛋白时，需要一定数量的能量和碳架，这些养分主要是饲料中碳水化合物在瘤胃中发酵产生的。提高日粮中有效能的数量，可提高微生物蛋白的合成量。微生物摄取氨的有效碳水化合物顺序是：糊化淀粉>淀粉>糖蜜>单糖>粗饲料。

2）日粮中的蛋白质。羊利用尿素的效果与日粮中蛋白质水平有很大关系，蛋白质水平越低，饲喂尿素的效果越好。蛋白质水平达18%时，尿素利用率有较大下降。羊利用尿素合成的微生物蛋白，具有较高的生物学价值，但其中的蛋氨酸、胱氨酸等含硫氨基酸含量变低。因此，用尿素喂羊时，如果能补饲一些蛋氨酸或硫酸盐，则效果更佳。含尿素日粮的最佳氮、硫比例为10:1。

3）其他因素。磷、硫和维生素A、维生素D可促进尿素氮的利用，对提高日粮中纤维素的消化率及促进生长都是有益的，而钙、镁、铜、锌、钴、硒等元素，能通过提高瘤胃微生物的活力，改善尿素氮的利用率。低分子脂肪酸既是微生物合成的基本碳架，又是微生物的生长因子。因此，补充脂肪酸有利于尿素的利用。此外，在尿素饲料中添加风味剂，可改善适口性，增加尿素氮的利用量。瘤胃的pH对尿素利用也有影响，瘤胃内pH升高时，氨多以游离NH_3存在，瘤胃壁对NH_3的吸收力增强，易造成氮素损失和氨中毒；瘤胃内pH降低时，多以NH_4^+存在，胃壁对NH_4^+的吸收力降低。因

而，有较多的NH_4^+用于合成微生物蛋白。

（4）尿素使用方法及注意事项

1）制成混合饲料或颗粒饲料。以尿素占混合料的1%～2%为宜，不能超过3%。

2）制成高蛋白配合饲料。用70%～75%的谷物饲料、20%～25%的尿素和5%的膨润土充分混合，在150～160℃的高温下压制成高蛋白添加剂，使饲料中糊化淀粉与熔化的尿素结合在一起形成稳定的混合物。

3）在青贮饲料或碱化处理秸秆时添加尿素。青贮玉米中添加0.5%尿素，可使总粗蛋白质含量达到10%～12%。碱化秸秆时加入3%～5%的尿素能明显提高秸秆的营养价值。

4）液氨处理麦秸及谷物饲料。氨化秸秆时每吨用30kg氨水，分3次，每次10kg均用喷洒到草垛，每次间隔1～2天。氨化谷物饲料时可用液氨浸泡谷物饲料。

5）制成非蛋白氮舔食盐块，此法是目前我国养羊生产实践中广泛应用的一种方法。其优点是便于储藏、运输，采食均匀，利用率高，不易造成中毒。用10kg尿素溶于5L热水中，加食盐40kg、糖蜜20kg、谷料40kg、石粉10kg，压成砖供羊舔食。

6）复方瘤胃缓释尿素。市场上有两种复方瘤胃缓释尿素产品。一种是颗粒饲料，是将尿素、缓释剂和淀粉质及载体混合，经硬制粒法制成硬粒料；一种是结晶饲料，是将脲酶制剂混合在饲料中。

二 微量元素

由于矿物质元素随家畜采食牧草或补料进入体内，而不同地区牧草饲料中矿物质的种类和数量有很大差异，常引起家畜营养不平衡症状，因而人为补充矿物质添加剂显得十分重要。

（1）膨润土 膨润土是火山熔岩在酸性介质条件下热液蚀变的产物，俗称皂土或黏土，其中含硅30%、钙10%、铝8%、钾6%、镁4%、铁4%、钠2.5%、锰0.3%、氯0.3%、锌0.01%、铜0.008%、钴0.004%。

膨润土有强烈的离子交换能力，并有提高营养物质利用率的

作用。

（2）稀土 稀土是元素周期表中钇、钪等全部镧系元素共17种元素的总称。据张英杰报道，在放牧加补饲条件下，试验组每天每只添加硝酸稀土0.5g，经60天试验，试验组小尾寒羊比对照组平均体重提高11.3%。

（3）沸石 沸石是一种白色或五色矿石，具有较强的吸附和离子交换性能，其成分因产地而不同，一般含有铝、铁、钙、钾、钛、硅、镁、钠、磷等元素的氧化物。常用添加剂量为1%~2%。

（4）微量元素舔砖 给羊饲喂含有各种微量元素的舔砖是补充羊微量元素的简易方法。羊用的复合盐最好是瘤胃中易溶解的微量元素硫酸盐。

三 营养调控剂

（1）瘤胃素 瘤胃素是莫能菌素的商品名，是灰色链球菌发酵产物经提纯后的抗生素，作为离子载体运送金属离子通过生物膜。瘤胃素作为一种丙酸促进剂，可提高瘤胃丙酸的含量，减少瘤胃对饲料蛋白质和氨基酸的降解，抑制瘤胃内甲烷的生成，维持瘤胃正常的pH，预防瘤胃臌气的发生等。此外，瘤胃素能改善瘤胃生理环境及某些瘤胃外效应。通常饲料中添加剂量为羊5.5mg/kg体重。

（2）缓冲剂 饲料中添加缓冲剂有避免因饲料变化而引起的酸中毒的作用。目前常用的饲料缓冲剂有碳酸氢钠（小苏打）、碳酸钙、氧化镁、磷酸钙、膨润土等。一般碳酸氢钠和氧化镁以3:1的比例混合使用效果好。碳酸氢钠能中和青贮饲料中的酸性和瘤胃微生物产生的有机酸，能与蛋白质结合成复合体，减少在瘤胃内的降解，增加过瘤胃蛋白的数量，并提高淀粉、纤维素的消化率，可预防酸中毒，日粮中添加剂量为0.75%~1.0%。

（3）酶制剂 酶制剂是近年来研究的一种营养调控剂，育成母羊和育肥公羔每天每只添加纤维素酶10g或利用含果胶酶、纤维素酶和半纤维素酶的混合酶制剂处理秸秆、草类等粗饲料后饲喂羊有良好效果。

（4）酵母及酵母培养物——益康XP 益康XP能刺激纤维消化

菌、稳定瘤胃内环境。育肥准备期2周到育肥期4周或者热应激下，日粮中添加益康XP1～5g/(只·天)。

（5）脱霉剂 能抑制霉菌毒素生长，改变微生态环境，防止饲料发霉产生毒素，能有效地阻止胃肠道对霉菌毒素的吸收，还能将血液循环中的毒素吸附到胃肠道，排泄到体外，增强肝脏的解毒机能，提高机体免疫功能，防止继发感染。

（6）腐殖酸钠 腐殖酸钠是促进羔羊生长的有效促生长剂，使用方法是每天每只羊4g，拌精饲料喂给。

（7）舔砖 舔砖是将羊所需的营养物质经科学配方加工成块状，供羊舔食的一种饲料，其形状不一，有的呈圆柱形，有的呈长方形、方形不等，也称块状复合添加剂，通常简称“舔块”或“舔砖”。舔砖可以预防羊异嗜癖、乳腺炎、蹄病、胎衣不下、奶水少、羔羊体弱生长慢等现象发生（表5-15）。

表5-15 舔砖配方（100kg/批）介绍

原料名称	配方1/kg	配方2/kg	配方3/kg
硫酸亚铁	3.3	2.3	2.3
硫酸锌	3.2	1.76	1.76
硫酸铜	0.32	0.35	0.35
硫酸锰	1.2	1.23	1.23
硫酸镁	1.9	1.9	1.9
5%钴盐	0.25	0.10	0.1
5%碘盐	0.12	0.15	0.15
5%硒	0.13	0.13	0.13
食盐	20	20	15
磷钙	8	8	8
石粉	4	4	4
尿素	13	12	12
糖蜜	20	20	20
水泥	8	8	8

（续）

原 料 名 称	配方 1/kg	配方 2/kg	配方 3/kg
麦麸	13. 5	10	13
糠粉	13	10	
棉籽饼		10	15
膨润土			7
合计	109. 92	109. 92	109. 92

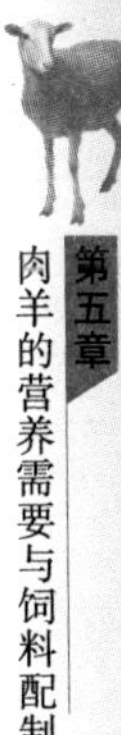

第六章 肉羊的饲养管理

肉羊饲养管理分为种公羊管理、繁殖母羊管理、羔羊管理、育成羊管理、育肥管理和放牧羊管理。主要技术有饲料配制与使用、营养调控技术、饲喂管理技术。

饲养管理技术主要有分群管理（按年龄，按生理状态），分类饲养（按年龄，按生理状态），定期整群鉴定，阶段目标管理。实践中必须做到：人员有培训，工作有日程，饲喂有程序，配种有计划，饲料有保证，防疫有要求，时时有总结。

第一节 种公羊的饲养管理

种公羊数量少，但种用价值高，对后代影响大，故在饲养管理上要求比较精细。种公羊的基本要求是体质结实，不肥不瘦，精力充沛，性欲旺盛，精液品质良好。在饲养上，应根据饲养标准合理搭配饲料。种公羊所喂的饲料应是营养全面、容易消化、适口性好的饲料。日粮富含蛋白质、维生素和矿物质，要求品质优良、易消化、体积较小和适口性好。在管理上，要求单独组群，并保证有足够的运动量；保持圈舍干燥，定期消毒；要防止公羊互相斗殴。日粮中添加维生素 E，补饲优质干草和胡萝卜。

依据种公羊配种强度及其营养需要特点，可把种公羊的饲养管理分为配种期和非配种期管理两个阶段。

一 非配种期的饲养管理

种公羊在非配种期虽然没有配种任务，但仍不能忽视饲养管理工作。杜绝肥胖。非配种期的种公羊，除应供给足够的热能外，还应注意足够的蛋白质、矿物质和维生素的补充。夏秋以放牧为主，在草场植被良好的情况下，一般不需要补饲。在冬季及早春时期，每天每只羊补饲青贮玉米2.0kg，全价混合精饲料0.5~1.0kg，胡萝卜0.5kg，食盐10g，预混料1%，并要满足优质青干草的供给。在冬、春季节，坚持适当的放牧和运动。

二 配种期的饲养管理

为保证公羊在配种季节有良好的种用体况和配种能力，在进入配种期前1~1.5个月，就应加强种公羊的营养，在一般饲养管理的基础上，逐渐增加精饲料的供应量，并增加蛋白质饲料的比例，蛋白质的添加量为配种期标准的60%~70%。配种期每天饲喂混合精饲料0.8~1.5kg，鸡蛋2~3枚，胡萝卜1kg，青干草自由采食。混合精饲料组成：玉米54%，饼粕28%，麸皮15%，食盐2%，预混料1%。

种公羊在配种前1个月开始采精，检查精液品质。开始采精时，1周采精1次，继后1周2次，以后2天1次。到配种时，每天采精1~2次，成年公羊每天采精最多可达3~4次。多次采精者，两次采精间隔时间不少于2h。对精液密度和活力不达要求的种公羊，要增加优质蛋白质和胡萝卜的饲喂量，并增加运动量。

种公羊的管理人员要身体健康、工作负责，具有丰富的放牧饲养管理经验，同时要保持种公羊管理人员的相对稳定，不要随意更换。

第二节 繁殖母羊的饲养管理

繁殖母羊是羊群生产的基础，其生产性能的高低直接决定着羊群的生产水平，因而要给予良好的饲养管理条件，使其能顺利完成配种、妊娠、哺乳过程，提高生产性能。在实际生产中，要根据其生理特点和所处的生产周期给予区别对待，方可取得良好效果。依据繁殖母羊生理特点和所处生产周期的不同，可把繁殖母羊的饲养管理分为空怀期、妊娠期和泌乳期3个阶段，其中妊娠期可分为前期（3个月）和后期（2个月）；哺乳期也分为前期和后期（各为2个月）。饲养工作重在妊娠后期和哺乳前期，共约4个月。

一 空怀期的饲养管理

空怀期是由羔羊的断奶至配种受胎前这段时间，约为3个月，这一时期的主要任务是恢复体况，为配种妊娠储备营养，以确保较高的受胎率和产羔率。如在一年一产的繁殖体系中，产冬羔母羊的空怀期一般为5~7个月，产春羔母羊的空怀期可达8~10个月。在舍饲条件下，这一时期的关键是羔羊适时断奶。断奶过早，羔羊生长发育将受到影响；断奶过迟，母羊的体况在短时期内难以恢复。抓好适时断奶的同时，必须给以合理的日粮，满足其发情需要，为配种妊娠储备营养，但不能过肥。繁殖母羊只有在膘情良好的情况下，才能有较高的发情率和受胎率。据报道，配种前母羊的体重每增加1kg，产羔率可望增加2.1%。在配种前2~3周，对体质较弱的繁殖母羊，应适当补饲混合精饲料0.1~0.2kg，这样具有明显的催情效果，可使大群母羊发情整齐，按时完成配种任务。

二 妊娠期的饲养管理

母羊妊娠期一般分为前期（3个月）和后期（2个月）。妊娠前期，胎儿发育缓慢，母羊所需营养与空怀期基本相同，应保持中等的膘情。日粮可由粗饲料70%、精饲料30%组成。管理上要避免吃霜草或霉烂饲料，不使母羊受惊猛跑，不饮冰水，以防发生早期流产。对膘情不好的母羊要加强补饲。妊娠后期，胎儿生长发育迅速，需要营养多，初生羔羊重量的85%~90%在这一阶段形成。同时，母羊还需要储备一定的营养，以供妊娠和泌乳需要。若营养不足，将会大大影响胎儿发育和母羊产后泌乳能力，最终造成胚胎期羔羊生长发育不良，母羊产后缺奶，羔羊成活率降低，给生产带来重大损失。如果母羊过肥，则容易出现食欲不振现象，反而使胎儿营养不良。因此，在妊娠的最后5～6周内的营养需要，怀单羔母羊可在维持饲养基础上增加12%，怀双羔母羊则增加25%。日粮为干草1.0～1.5kg，青贮饲料1.5kg，精饲料0.6kg。此期的管理措施都应围绕保胎来考虑，进出要慢，不要使羊快跑和跨越沟坎，注意饲料和饮水的清洁卫生，早晨空腹不饮冷水，治病时不要投服大量的泻药和子宫收缩药物等以免流产。同时适量运动和适量添加维生素A、维生素D也是非常重要的。

三 哺乳期的饲养管理

哺乳期一般为90～120天，在哺乳前期，母乳是羔羊最重要的营养物质来源，尤其是产后的15～20天内，几乎是羔羊的唯一来源。所以要保证母羊获得全价营养，以提高其泌乳量，满足羔羊哺乳需要。据测定，羔羊每增重100g，需母乳500g，而母羊每生产500g奶，需要33g可消化蛋白质、1.8g钙、1.2g磷等。精饲料喂量应比怀孕期分别提高10%（单羔）和30%（双羔）。日粮可由0.6～0.7kg精饲料，1.5～2.0kg青干草，0.5kg胡萝卜，1.0～1.5kg青贮饲料组成。

但应注意，产后1～3天内，对膘情好的母羊不应大量补饲精饲料，以免因消化不良引发乳腺炎。母羊一般在产后20～30天达到泌乳高峰，70～80天后开始下降，其营养水平应根据泌乳量调整。管理上要保证饮水充足，圈舍干燥、清洁。冬季要有保暖措施。另外，在产前10天左右可多喂一些多汁饲料和精饲料，以促进乳腺分泌；产后3～5天内要少补饲精饲料，以防消化不良或发生乳腺炎。哺乳后期（后1～2个月），母羊泌乳量逐渐下降，羔羊对母乳的依赖程度减小，此时应把补饲重点转移到羔羊上，对膘情较差的母羊，可酌情补饲精饲料。

四 繁殖母羊饲喂模式及存在的问题

繁殖母羊饲喂模式及存在的问题如图6-1、图6-2所示。

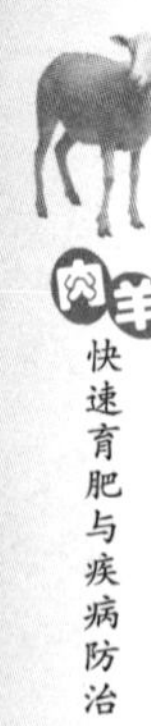

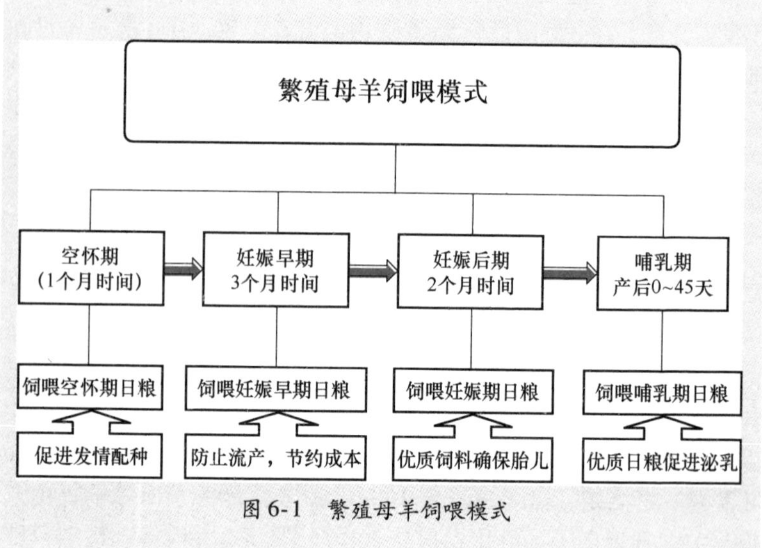

图6-1　繁殖母羊饲喂模式

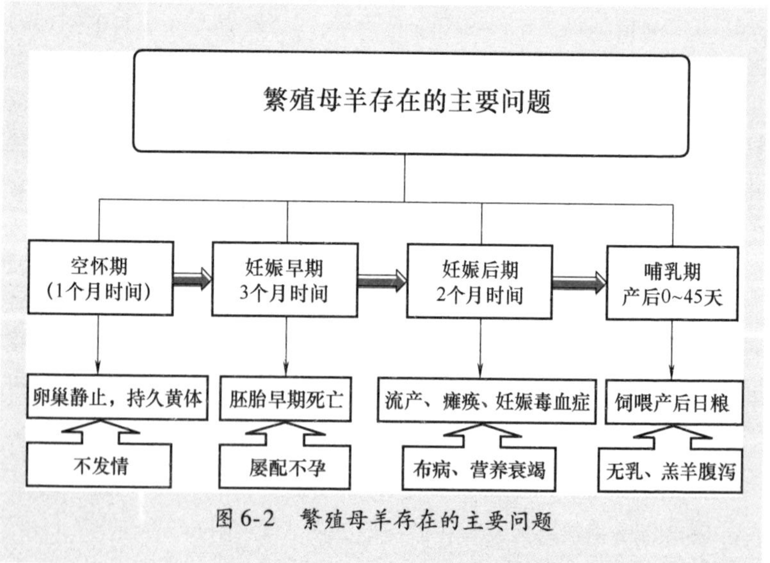

图6-2　繁殖母羊存在的主要问题

第三节　羔羊和育成羊的饲养管理

一 羔羊的饲养管理

羔羊是指从出生到断奶（一般3个月）的羊羔。饲养管理重点是如何提高成活率，并根据生产需要培育体形良好的羔羊。羔羊时期为减少发病死亡率应注意做到以下几点：

(1) 早吃、吃好初乳　羔羊生后30min内一定让其吃上初乳，羔羊出生24h后就不能够吸收完整的抗体蛋白大分子，所以早吃、吃好初乳是促进羔羊体质健壮、减少发病率的重要措施。

(2) 安排好吃奶时间　生后20天内可母仔同圈，让其自由吃奶，20日龄后可把母仔分开，每天定时喂奶3次，这样有利于羔羊采食颗粒料。

(3) 保持适宜的舍温　保温防寒是初生羔羊护理的重要方面，羊舍温度应保持在5℃以上。室温是否适宜可以从母仔表现判断，若室温不合适，应及时采取调温措施，尤其是忽然下雪时。

(4) 搞好圈舍卫生　圈舍应保持宽敞、清洁、干燥。冬季要勤换褥草，通风换气，夏季要建凉棚；对羊舍及周围环境要定期严格消毒，对病羔实行隔离，对死羔及其污染物要及时进行无害化处理。

(5) 提早补饲　羔羊生后7~10天就应开始喂给羊颗粒料。从15~20日龄开始补粗饲料，最好饲喂饲料公司生产的羔羊专用颗粒料，或与切碎的青干草、胡萝卜等混合搅拌喂给。同时可混入少量食盐和磷酸氢钙，或另外添加舔砖，以刺激羔羊食欲并防止异嗜癖。补饲时，应先喂粗饲料，后喂精饲料，定时定量，喂完后把食槽扫净。羔羊料配方见表6-1。

表6-1　羔羊料配方

原　材　料	用量（%）
玉米	50.08
糖蜜	3
43%豆粕	16
胚芽粕	7.85

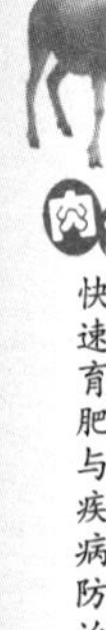

（续）

原材料	用量（%）
抗氧化剂	0.02
米糠	4
酒糟（DDGS）	10
棉籽蛋白粉	5
石粉	1.6
碳酸氢钙	0.5
小苏打	0.3
盐	0.5
益康XP	0.15
预混料	1
合计	100

（6）及时分群 羔羊2月龄左右应及时分群。应把公、母羔羊分开饲养，不作种用的公羔应及早去势育肥。若羊群过大时，也应把强、弱羔羊分开饲养。

（7）合理运动 羔羊生后5～7天，选择无风、温暖的晴天，把羔羊赶到运动场进行运动和日光浴。随着羔羊日龄的增加，应逐渐延长在运动场的时间，在运动场上应放一些淡盐水让其自由饮用。

（8）做好疾病防治 羔羊时期发生最多的疾病是“三炎一痢”，即肺炎、胃肠炎、脐带炎和羔羊痢。产房要保持干燥温暖，接产时要清除体表、口腔和鼻腔的黏液，认真地做好脐带消毒，哺乳和注射用具要清洗消毒，为了减少发病死亡率要搞好卫生。保持羔羊舍干燥通风、干净卫生，严防贼风产生，严重病羔要隔离，死羔和胎衣要集中处理。

二 育成羊的饲养管理

育成羊是指羔羊断乳后到第一次配种的幼龄羊，多为5～18月

龄。羔羊断奶后4~10个月生长很快，营养物质需要较多。若此时营养供应不足，不仅会影响当年的成活率，还会导致成熟期推迟，不能按时配种，还将影响羊只生长发育，出现四肢高、体狭窄而浅、体重小、剪毛量低等现象，降低其个体品质及生产性能，严重时失去种用价值。断奶时不要同时断料，公、母羊单独组群。在育成阶段，无论是冬羔还是春羔，必须重视第一个越冬期的饲养。所以，在越冬期要保证有足够青干草、精饲料的供应，每天补给混合精饲料200~250g，留作种用的酌情提高。在育成阶段，可通过体重变化来检查羊的发育情况。

第四节　肉羊的一般管理

1. 修蹄

羊蹄壳生长较快，如果不整修，易造成畸形，系部下沉，行走不便而影响采食。所以绵羊在剪毛后和入冬前宜进行修蹄。修蹄工作一般在雨后进行，这时蹄质软，易修剪。修蹄时，让羊坐在地上，羊背部靠在修蹄人员的两腿间，从前蹄开始，用修蹄剪或快刀将过长的蹄尖剪掉，然后将蹄底的边缘修整得和蹄底一样平齐。修蹄底时，修到可见浅红色的血管为止，不要修剪过度。整形后的羊蹄，蹄底平整，前蹄是方圆形。变形严重的蹄，需多次修剪，逐步校正。为了避免羊发生蹄病，平时应注意休息场所的干燥和通风，勤打扫和勤垫圈，或撒草木灰于圈内和门口，进行消毒。如果发现蹄趾间、蹄底溃疡，蹄冠部皮肤红肿，跛行严重者，应及时检查治疗。可用10%硫酸铜溶液或5%甲醛溶液洗蹄。

2. 驱虫和预防接种

冬、春两季的羊群，抵抗力明显降低，每年的3~5月是寄生虫感染的高发期，所以，在有寄生虫感染的地区，每年应在春、秋季节进行两次预防性驱虫。

常用的驱虫药物有伊维菌素、丙硫咪唑（阿苯达唑）、四咪唑、驱虫净、敌百虫等。驱虫药首次量要少，可多次驱虫，严禁一次用药量过大，引起中毒。驱虫后1~3天内，要把羊群安置在指定羊舍

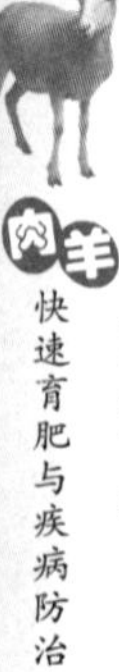

和放牧地放牧，防止寄生虫及虫卵污染干净牧地，对羊的粪便做发酵处理，以杀灭寄生虫卵。传染病对养羊业危害较大，要做好各项预防工作，如检疫、预防接种等。预防接种常在每年春、秋季进行，接种何种疫（菌）苗，视预防传染病种类而定。

第七章 肉羊快速育肥技术

第一节 异地舍饲育肥技术方案

舍饲育肥是利用农作物秸秆、农副产品、精饲料等资源，将羔羊或天然草场上转移来的架子羊进行舍饲短期育肥。其特点是育肥期短，畜群周转快，经济效益高。目前育肥的方式主要有异地购买羔羊或者成年架子羊进入园区集中舍饲育肥，分别称为异地羔羊育肥和异地成年羊育肥。其特点是育肥期短，畜群周转快，经济效益高，适用于农区。肉羊舍饲快速育肥技术方案如图 7-1 所示。

一 选择羊

选择合适的羊育肥是育肥成功的首要条件。

(1) 品种选择 从增重速度、料肉比综合来看，杂交羊育肥的经济效益高于小尾寒羊等地方品种。杂交羊，以白萨福克羊 × 小尾寒羊和杜泊羊 × 小尾寒羊为主。在 50 ~ 60 天的育肥期内，同样的饲养管理条件下，杂交羊日增重 400 ~ 450g，小尾寒羊日增重 250 ~ 320g。由于当前育肥羊的产品市场是以鲜羊胴体、羊皮、羊下货为主，精分割的较少，所以以羊皮为主要副产品的育肥羊综合效益显著，其中宁夏滩羊、杜寒杂交羊、萨寒杂交羊和纯种小尾寒羊颇受欢迎。

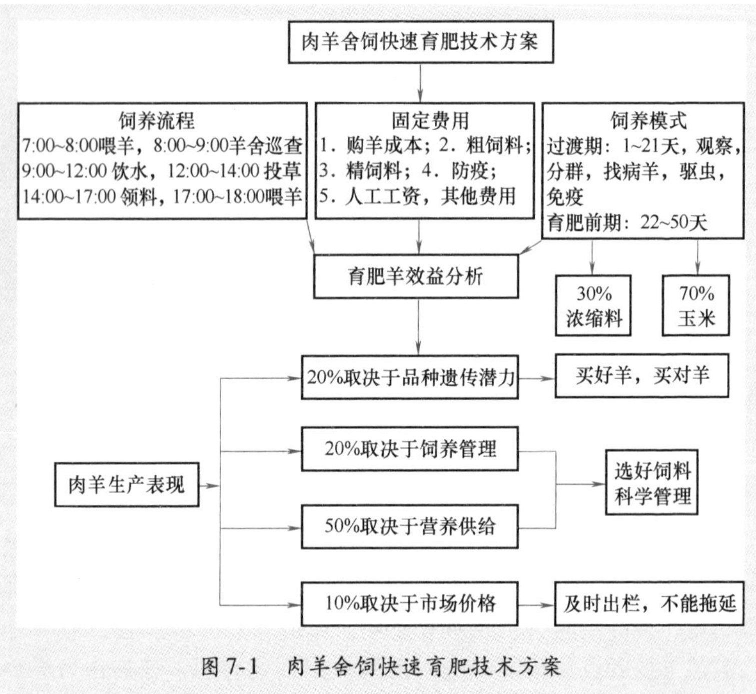

图 7-1 肉羊舍饲快速育肥技术方案

（2）月龄及体重、性别的选择 杂交羊以 3 ~5 月龄体重为 27 ~ 40kg 的为宜；小尾寒羊以 4 ~6 月龄体重为 22 ~30kg 的为宜；宁夏滩羊以 3 ~5 月龄体重为 10 ~12kg 的为宜。同等条件下，每天公羊的增重速度要比母羊快 50 ~100g。

（3）健康状况选择 必须购买健壮的羔羊才能进行育肥。僵羊、病羊看似便宜，育肥会亏本。健康羊膘满肉肥，体格强壮，被毛发亮，眼睛明亮有神，听觉灵敏，鼻镜湿润、光滑，常有微细的水珠；羊的皮肤在毛底层或腋下等部位通常呈现粉红色。体温是羊健康与否的晴雨表，山羊的正常体温是 37.5 ~39℃，绵羊是 38.5 ~39.5℃；健康羊眼结膜呈鲜艳的浅红色，粪呈椭圆形粒状，成堆或呈现链条状排出。

（4）地域、季节的选择 育肥羊必须来自于非疫区，运输距离越近越好，应激反应小。育肥季节尽量避开严寒酷暑的季节，出栏最好赶上节假日。

(5) 引羊数量的选择 一次性入栏的羊数量要够一个出栏销售批次。数量过多或者过少都会造成销售时外运成本升高，影响效益。

二 运输及饲草饲料储备

做好异地运输应激反应，特别是夏季要防止中暑，冬季防寒，防沙。

饲草饲料短缺、价格过高是舍饲养羊最重要的制约因素，所以，舍饲育肥羊必须储备优质粗饲料和精饲料。

三 饲养管理

最佳饲喂方式是全混合（TMR）日粮。注意事项：

(1) 定时定量饲喂 一天喂料两次，早晚各1次，每次1.5~2h。

(2) 采食数量 羊每天采食饲料为其体重的3%~3.5%，上午喂全天采食量的45%~50%，下午喂全天采食量的50%~55%。

(3) 保证充足清洁饮水 最好用自来水保持水槽清洁，24h不间断水，冬天保温效果好的条件下可以考虑安装自动饮水嘴、饮水碗。

(4) 羊舍的通风保温 经常通风可以降低氨气浓度，做好保温可以预防感冒等疾病的发生。

(5) 粪便的清理 粪便的清理要及时，清出的粪便要进行无害化处理。

(6) 驱虫、防疫和消毒 每年要进行两次驱虫，按免疫程序做好防疫，定期消毒。

(7) 分群 大羊小羊和病羊，月月分群。

四 疫病防控

疫病防控是目前面临的最大问题，也是做好食品安全的关键环节，所以，要严格按照免疫程序注射疫苗。

五 购入流程

异地购入育肥羊技术流程如图7-2所示。

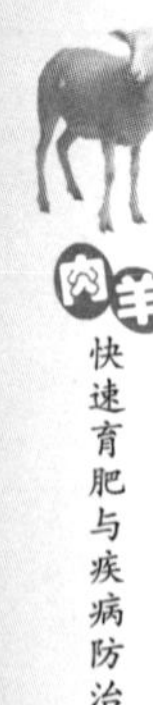

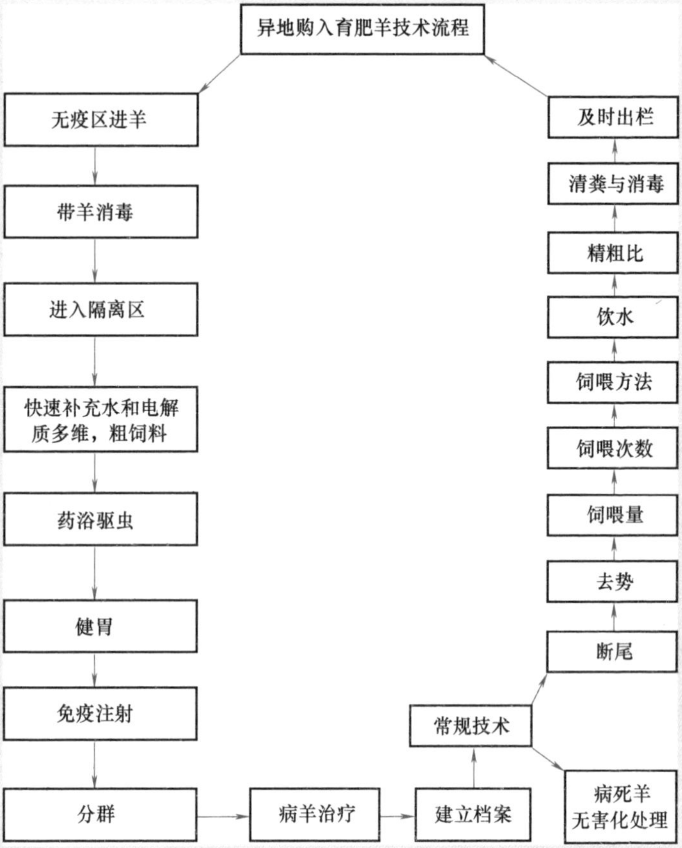

异地购入育肥羊技术流程

无疫区进羊 → 带羊消毒 → 进入隔离区 → 快速补充水和电解质多维，粗饲料 → 药浴驱虫 → 健胃 → 免疫注射 → 分群 → 病羊治疗 → 建立档案 → 常规技术

常规技术 → 病死羊无害化处理

常规技术 → 断尾 → 去势 → 饲喂量 → 饲喂次数 → 饲喂方法 → 饮水 → 精粗比 → 清粪与消毒 → 及时出栏 → 异地购入育肥羊技术流程

图 7-2　异地购入育肥羊技术流程

第二节　异地舍饲育肥常见问题

根据长期以来对养殖户的跟踪与调查发现，舍饲育肥养羊密度大，出现的主要问题是防病治病难度加大；传染病、寄生虫病、营养代谢病、中毒病等群发性疾病频发；许多养殖户为了增加育肥日增重、缩短育肥饲养周期而减少肉羊日粮中粗饲料（干草）用量或使用全精饲料型日粮的现象。这种高精饲料低纤维日粮下，

可供纤维分解菌附着并降解利用的纤维颗粒减少，造成瘤胃 pH 下降，纤维分解菌活性减弱，进而导致瘤胃消化功能不健全和瘤胃菌群失调，消化机能显著降低，肝脏坏死，个别病羊会突然死亡等（图 7-3）。

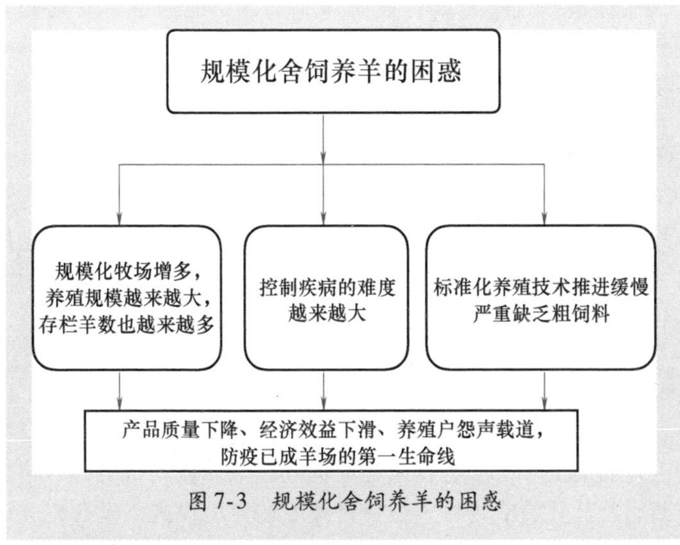

图 7-3　规模化舍饲养羊的困惑

一　疫病多发

规模化育肥羊场的显著特点是规模大，羊只密集，从业人员多为农民，防疫意识差，羊只入园区检疫防疫能力弱，往往将病羊引入园，致使传染病、寄生虫病迅速传播，甚至暴发。目前常见流行的传染病有羊快疫、羊肠毒血症、羊猝狙、羊传染性胸膜肺炎、羊传染性脓疱、绵羊痘、羊痘、口蹄疫、羊链球菌病、羊巴氏杆菌病、附红细胞体病、大肠杆菌病、炭疽病、布氏杆菌病、结核杆菌病、李氏杆菌病等。寄生虫病常见有羊绦虫病、弓形虫病、片性吸虫病、线虫病、球虫病、螨病等。

二　肉质下降

羊肉质以其细嫩，脂肪分布均匀，性温补而闻名于世。现在羊

肉生产按照“区域化布局、专业化分工、集约化生产、规模化经营”原则组织生产的趋势越来越明显，效果也越来越突出。但是，不喂或少喂粗饲料快速育肥模式，严重背离羊消化规律，改变羊只的生活习性和瘤胃微生物对营养物质的消化、吸收和代谢，致使羊代谢性疾病增多，如育肥羊尿结石、黄脂肪症、异嗜癖。另外，驱虫药中毒、饲料霉变中毒、尿素中毒等多发，造成羊肉质量下降。

三 用药盲目

园区饲喂人员公共卫生知识缺乏，防病治病条件差，羊有了疾病，只知道注射抗生素，别无他法。由于长期用药不合理，滥用抗生素，致使羊细菌性传染病病原抗药性越来越严重，治疗难度加大，人畜共患传染病增多，饲养员的健康程度下降。

四 粗饲料缺乏

舍饲育肥存在的严重问题之一是粗饲料严重不足，完全以精饲料为主是规模化育肥羊场普遍存在的问题。多数人认为，给哺乳羔羊或断奶羔羊只喂精饲料生长快是最好的育肥模式，没有充分认识到，羔羊的瘤胃发育还没有完全建立起来，只喂精饲料不喂草，就把羊当作猪来养，这样的羊肉品质急剧下降，风味极差。架子羊以精饲料育肥模式为主，不喂草或只喂少量草，这样的育肥模式简单易行，减少了异地购买粗饲料的麻烦，但是这样的育肥模式致使发育完善的瘤胃也发生急剧的变化，瘤胃不能有效地利用起来，致使营养代谢性疾病增多，如羊过肥症、黄脂肪症、尿结石、肾病、酸中毒等频发。问题之二是大多数农户，羊在预饲期瘤胃机能始终没有恢复到健康状态就迅速追加精饲料，致使很多病羊带病上岗，只见吃，不上膘，或忽然死亡。

第三节 异地舍饲育肥关键技术

舍饲育肥羊主要品种为绵羊、山羊。育肥方式主要采取异地购买，园区内集中短期育肥，常见主要有羔羊短期育肥和架子羊短期育肥。

育肥期分为预饲期和育肥期，预饲期为15天，育肥期为90天。

一 育肥前的准备工作

（1）清粪垫圈与消毒 育肥羊进圈前，对圈棚进行全面检查，发现损坏及时修建；然后清粪垫圈，用3%～5%的烧碱水（氢氧化钠）或10%～20%的石灰乳对地面、墙壁、饲槽等进行全面彻底的消毒，工具用“消毒王”消毒；园区门前应设消毒池和消毒室，消毒室墙壁中下部安装紫外线消毒灯，脚下铺设消毒池。

（2）准备饲草料 饲草储备方式主要有制作青贮饲料，大量收购作物秸秆，与饲料厂签订精饲料合作协议。

（3）准备药品 准备好羊只入场所用的常规药品，如杀菌、退热、止痛、驱虫、灭蚊蝇、瘤胃调控药物等。

（4）岗位培训 羊入园区前，一定要请有经验的专家进行培训，使所有饲养人员必须掌握羊舍饲育肥饲养管理技术、羊病防控知识、驱虫技术、注射疫苗技术、一般用药知识等。

二 预饲期的准备工作

预饲期一般为15天，分三步过渡。第一步从第1～3天，自由饮水，只喂干草和少量精饲料，让羊适应新的环境。第二步从第4～10天，仍然以干草日粮为主，逐步添加精饲料。第三步从第11～15天，从第16天正式进入育肥期。

1. 异地羊引入园区舍饲育肥的常见问题

1）病羊带入，又不能及时发现病羊并进行隔离治疗，致使疫病剧增。

2）多数羊经过异地长途运输等应激免疫力低下，瘤胃功能有待恢复，如果高精饲料育肥，致使生长缓慢，病死率增多。

3）预饲期由于羊体质弱，驱虫时少数羊出现急性中毒死亡，多数羊慢性中毒，生长迟缓；在注射疫苗时，免疫应答反应能力弱，致使免疫效果不理想；不能进行严格分群饲养等现象，严重影响育肥效果。

2. 预饲期重点工作

（1）预饲期第1～3天 自由饮水，只喂干草，让羔羊适应新的

环境，主要任务是严格执行检疫制度查找发热病羊，严格分群，隔离治疗病羊，及时消灭传染源。新进入园区的所有羊必须逐个进行体温检测，凡是发热病羊，一律隔离注射氨苄青霉素（氨苄西林）2g，病毒灵（吗啉胍）10mL，安乃近10mL，地塞米松10mg一次分点肌内注射，每天2次，连续用药3天。体温恢复正常，精神明显好转，饮食恢复者留群继续育肥。好转不明显，体温还高者，一律屠宰，杜绝病羊留园。对其余育肥羊要根据品种、年龄、性别分别组群，分圈饲养。再按照膘情好坏，进一步分群饲养，通常可将育肥羊分为病羊群、成年羊群、羔羊群等。

（2）预饲期第4～10天 仍以干草日粮为主，但逐步添加精饲料，主要任务是缓解运输应激，调控瘤胃环境，促使瘤胃健康，提高适应性。多数羊经过异地长途奔波、惊吓应激等因素，会引起羊发病，多数羊始终处在亚健康状态，特别是瘤胃机能没有恢复的情况下就进入高精料育肥，致使育肥期生长缓慢，病死羊增多。常见的应激原因有被羊欺负，长途运输，气候过热、过冷，拥挤，去角，去势，断尾，打耳号，饲喂不足，追捕，分群，称重等。这些应激因素对羊的共同生理学作用是引起肾上腺释放肾上腺激素和肾上腺皮质释放皮质类固醇激素，大量激素进入血液循环导致羊防御机能降低，使羊对传染病更加敏感。

（3）预饲期第10～15天 主要进行适时驱虫和疫苗注射。规模化羊场使羊群处于高度紧张的生产状态中，因而抗病力降低。盲目驱虫，过量使用驱虫剂容易发生急慢性中毒，致使体弱羊急性中毒死亡，多数羊慢性中毒，生长迟缓，生产力下降，育肥速度下降。驱虫一般建议经过10天的预饲期以后再进行，最好是在进入育肥期第2、4、6周分别适量进行。驱虫时，首先按羊的大小分群，准确计算驱虫药剂量。内寄生虫常用驱虫剂为伊维菌素或丙硫苯咪唑，剂量为10～15mL/kg体重，可拌在精饲料中自食。驱虫后5天将粪便集中堆积起来进行发酵，杀灭虫卵。外寄生虫选择药浴或药淋浴，在剪毛或抓绒后7～10天进行，常用药物有螨净等。

免疫接种可激发羊产生特异性抗体。有组织、有计划地进行免疫接种是预防和控制传染病的重要措施之一。一般情况下，羊只刚

进来因为羊带病、体弱，运输等应激因素，注射疫苗往往得不到好的效果，最好在预饲期第10～15天同时注射疫苗，所有的育肥羊进圈后10～14天都要皮下注射或肌内注射口蹄疫疫苗、绵羊痘疫苗、三联苗（羊猝狙、羊快疫、羊肠毒血症）或五联苗（羊快疫、羊猝狙、羊肠毒血症、羔羊痢、黑疫）5mL，14天后即产生免疫力，免疫期0.5～1年。首次注射疫苗后的第14天再加强注射一次以防漏免。

当羊群内暴发疫病时，注射疫苗要慎重。羊接种疫苗获得免疫力需要2～3周时间。对羊的细菌性感染可进行3天的抗生素治疗，停药3天后全群免疫接种，其余未发病羊群立即紧急接种。羊的病毒性感染，不分羊只大小、是否妊娠，立即紧急接种，同时对病羊注射抗生素预防细菌感染。一般免疫失败的主要原因是疫苗没有按照使用说明书保存和使用，或在入园区前10天，羊只体质过差时注射疫苗。

（4）合理安排剪毛、分群和上槽 羊到场1周内集中剪毛。剪毛可以增进食欲，增强皮下血液循环，促进钙质吸收，改善皮张质量。剪毛可不分季节。

按品种、性别、体重进行分群，每群以30～40只为宜；羊只对于新环境不适应，尽早让羊适应新饲养制度，特别是由放牧转向舍饲的羊，连续几天不上槽不但会导致体重下降，严重的还可造成衰竭死亡。

（5）修蹄、去势、剪毛 去势后羊性情温顺，便于管理，容易育肥，同时还可减少膻味，提高羊肉品质。凡供育肥的羔羊，一般在生后2～3周龄去势，宜在晴天无风的早上进行。肥羔生产中育肥公羔不予去势，其增重效果比去势的同龄公羔快，而且膻味与去势的羔羊无明显差别。

放牧育肥羊应进行修蹄。修蹄应在雨后或让羊只在潮湿草地上活动数小时后，蹄质变软时进行。修蹄时先用修蹄剪将生长过长的蹄尖剪掉，然后用修蹄弯刀将蹄底边缘修整至和蹄底平齐，再修到蹄底可见浅红色血管为止。不可修剪过度，防止出血和行走不便。

当年出生，当年育肥宰杀的肉毛兼用品种羔羊，在宰前60～90

天或周岁以上的羊，在进入短期育肥前 60 ~ 90 天，均剪毛 1 次，促进羊只采食抓膘，增加羊毛收入，从而增加经济效益。

（6）预饲期日粮配方 选购正规饲料公司生产的全价饲料或浓缩饲料，搭配一定的粗饲料和能量饲料。

羊进场 1 ~ 5 天，由每日每只饲喂饲草 100g 和精饲料 400g 逐渐增加到饲喂饲草 400g 和精饲料 500g。饲喂量以 1h 吃净为宜。饲草配方：紫花苜蓿草粉 10%、玉米纤维蛋白 30%、玉米秸秆 30%、稻草粉 15%、干酒糟 10%、葡萄皮（葡萄酒下脚料）5%。其中的草粉长 2 ~ 5mm，过细则不利于胃肠蠕动，过粗则适口性差易造成浪费。精饲料配方：碎玉米 50%、豆粕 5%、黑豆（炒熟）10%、葵花粕（炒熟）6%、小麦麸 15%、小苏打 1%、食盐 3%、肉羊专用预混料 10%，混合均匀。

另外，预饲期精饲料配方参考：玉米粒 25%，干草 64%，糖蜜 5%，油饼 5%，食盐 1%，抗生素 50mg；玉米粒 39%，干草 50%，糖蜜 5%，油饼 5%，食盐 1%，抗生素 35mg。

三 快速育肥期的工作重点

1. 更新理念、科学饲养、提高肉质

育肥的核心理念应是最大限度地发挥瘤胃功能，制定更加科学的饲养管理程序，减少疾病发生，提高肉质风味。控制精饲料喂量，要在整个育肥期添加粗饲料，延长育肥时间，确保羊肉风味。构建优质羊肉营销体系，实现优质优价。限饲育肥，控制育肥期时间在育肥过程中禁用有致畸、致癌、致突变作用的兽药，禁止在饲料中添加药兽，禁用激素类药品、安眠镇静药、中枢兴奋药、镇痛药、解热镇痛药、麻醉药、化学保定药、肌肉松弛药和巴比妥类药，使用抗生素治疗注意停药期。

饲料添加剂可以提高干物质采食量，刺激瘤胃微生物蛋白质的合成和挥发性脂肪酸（VFA）产量，提高饲料消化率或转化率，稳定瘤胃内环境和 pH，改善生长发育，减少热应激，改善健康状况，减少酸中毒，增强免疫力。育肥肉羊常用饲料添加剂有瘤胃素、碳酸氢钠等。

2. 加强饲养管理

羊育肥期为90~150天。经过15~20天的育肥准备期后，进入高强度精饲料育肥期。及时分群，隔离病弱羊只，减少换料应激，做好后续驱虫。每天投喂饲料2~3次，羔羊占槽位为25~30cm，投料量以45min内吃完为准，量不够要添，量过多要清扫。羔羊吃食时，要注意观察羔羊的采食行为和习惯，通过调整，实施分群饲养。选择优质精饲料，严防饲料发霉。

舍饲羊具有很强的群居特征，只要轻轻驱赶就立即起来上槽，佯装采食，即“洋气疟”，看似采食，实则瘦弱。不像放牧时，病羊会掉队、呆立、离群，容易被发现，所以，在舍饲过程中，必须仔细观察。最好1个月分1次群，可以及时发现病羊、弱羊。

3. 日粮推荐

（1）育肥前期 羊进场16~40天，每天饲喂饲草500g和精饲料500g，饲喂量以40min吃净为宜。饲草配方：紫花苜蓿草粉10%、玉米纤维蛋白20%、玉米秸秆30%、稻草粉15%、干酒糟20%、葡萄皮5%，草粉长度不超过5mm。精饲料配方：碎玉米60%、豆粕5%、黑豆（炒熟）8%、葵花粕5%、小麦麸8%、小苏打1.5%、食盐2.5%、肉羊专用预混料10%，混合均匀。

（2）育肥后期 羊进场41天至出栏。逐渐增加喂料量，每天饲喂饲草700g和精饲料800g，饲喂量以30min吃净为宜。饲草配方：紫花苜蓿草粉10%、玉米纤维蛋白20%、玉米秸秆35%、稻草粉15%、干酒糟15%、葡萄皮5%，草粉长度不超过5mm。精饲料配方：碎玉米63%、豆粕5%、黑豆（炒熟）10%、小麦麸8%、小苏打1.5%、食盐2.5%、肉羊专用预混料10%，混合均匀。

羊育肥各阶段的配方推荐见表7-1。

表7-1 羊育肥各阶段的配方推荐（质量分数，%）

育肥阶段	玉米	豆粕	大豆皮	秸秆粉	酒糟	预混料
育肥前期（10~20kg）	40	16	5	25	10	4
育肥后期（20~40kg）	45	15		25	11	4

在管理上，要细心观察羊的饮水、采食和反刍等，根据实际情况适当调整饲养管理和饲料配方。从羊粪便上看，一般在育肥前期、增料期和育肥后期有部分软粪为正常，其余则以干粪成型为正常；粪中含有未消化的饲料颗粒时，减少喂料量和草颗粒的比例、增加破碎度等。

4. 饲喂方法

进入育肥期，应该逐渐加大精饲料的用量。保证有足够的槽位，每天上午6：00和下午5：00各饲喂1次，七成饱、八成睡、九成十成易伤胃，自由饮水。冬季中午温度较高时通风换气，采取保暖措施。夏季用负压风扇或水帘通风降温，白天灭蝇，晚上灭蚊。梅雨季节在饲料中添加脱霉剂防止饲料霉变。

5. 提高疾病治疗水平

1）在育肥期也要定期检疫，查找布氏杆菌病和结核病羊等人畜共患传染病，发现后立即彻底消灭，消毒深埋，绝对不可食用。进入高强度精饲料育肥期，此期育肥特点是不断以精饲料为主，逐渐加大，就会出现尿结石、黄脂肪症、酸中毒，脂肪肝等营养代谢病致使羊过肥，羊肉风味降低，品质下降。

2）由于疾病频发，所以抗生素是生产中最常用的药物。临床选择抗生素的原则是尽快抑制或杀灭特异的病原体，所以选择的抗生素要对羊副作用小，避免出现耐药性和药物诱导的毒性。

3）抗生素首次使用应加倍量，迅速杀灭病原微生物，连续按疗程足量进行给药，以防止细菌产生耐药性；病情控制后还要小剂量维持2~3天，以防复发；使用抗生素期间要及时补给维生素B和维生素C。

4）抗生素联合应用的益处是治疗混合感染，获得协同的抗菌活性，克服细菌的耐受性，防止细菌耐药性的出现，防止由于存在其他细菌产生的酶而使抗生素失活。

抗生素抗菌治疗失败的原因是诊断错误或选药错误。例如，分不清是病毒还是细菌性感染，选择的抗生素不敏感，或细菌产生了耐药性，抗生素量不足，有配伍禁忌的抗生素被联合应用。缺乏必要的支持疗法，羊患了疾病，只知道注射抗生素，别无他法。

5）加强人员专业学习是提高饲养员素质最主要的途径。首先要改变理念，育肥羊的核心不单纯是长得快，更重要的是肉质好，风味佳，才能价格好，效益高。

第四节　羔羊育肥技术

羔羊的育肥主要指 1 岁以内羔羊的育肥，具有生产周期短、生长速度快、饲料报酬高、便于组织生产等特点。羔羊育肥分为哺乳羔羊育肥，早期断奶羔羊强度育肥，断奶羔羊的育肥，当年羔羊育肥四种类型。

一　羔羊肉的生产特点及原理

出生后 1 岁内，完全是乳齿的羊屠宰后的肉称羔羊肉。羔羊肉中的肥羔肉是指在 30～60 日龄断奶，育肥至 4～6 月龄，体重大约 32kg 进行屠宰的羊肉。

羔羊生长发育快，从出生至 2 月龄的日增重可达 180～230g，2～10 月龄的可达 100～150g，饲料转化率高达（3～4）∶1，而成年羊为（6～8）∶1；羔羊对植物性蛋白质利用效率极高，比成年羊高 0.5～1 倍。肥羔生产周期短，产品率高，成本低；羔羊肉所含瘦肉多，脂肪少，胆固醇含量低，肉质鲜嫩多汁，腥味小，营养丰富，味道鲜美，易被人体消化吸收。目前在国际市场上畅销，价格比大羊肉高 30%～50%。

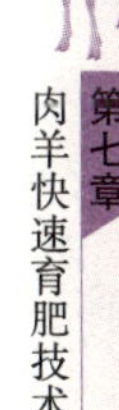

二　羔羊肉的生产方式

羔羊育肥主要有哺乳羔羊育肥，早期断奶羔羊强度育肥，断奶羔羊育肥，当年羔羊育肥。

1. 哺乳羔羊育肥

哺乳羔羊育肥方式不属于强度育肥，羔羊仍按舍饲方式饲养，在 10 日龄开始补饲，补饲水平提高。羔羊到达 3 月龄时，从大群中挑出达到屠宰体重（30kg）的羔羊，出栏上市。不够屠宰标准的羔羊，断奶后转入一般群继续育肥。羔羊不采取早期断奶，仍然保留原有的母仔对，可减免因断奶而产生的应激反应。哺乳羔羊的育肥以舍饲为主，以早熟性能好的公羔为主要对象，是满足节日市场需要的特殊生产方式。

母羊哺乳期间每天补饲足够量的优质豆科干草，加0.8kg的精饲料。对羔羊进行隔栏补饲，羔羊开食时间越早越好，每天补饲两次，以玉米粒为主，适量搭配黄豆饼和胡萝卜丝一起混合均匀放入饲槽。有条件的地方最好配制羔羊颗粒饲料。每次喂量以20min吃完为宜。供给优质苜蓿干草，由羔羊自由采食。干草品质不佳时，日粮中应添加50～100g蛋白质饲料。

2. 早期断奶羔羊强度育肥

指羔羊经过45～60天哺乳期，断奶后继续在圈内饲养，到120～150日龄活重达15kg时屠宰的育肥方式。

(1) 特点 在哺乳期就开始羔羊的强化育肥，对羔羊实现早期断奶，直线育肥。羔羊的强化育肥，采取3月龄羔羊出栏上市，意义在于使母羊全年繁殖，安排在秋季和冬季产羔，生产元旦、春节、古尔邦节和开斋节等特需的羔羊肉。这种育肥方式不是羊肉生产的主要方式，而是为了满足市场或节日供应的特殊需要，也常与民族和宗教习惯相联系。

(2) 技术要点

1）羔羊断奶前实行隔栏补饲。羔羊1.5月龄断奶前半个月实行隔栏补饲，或在早、晚有2～4h的时间与母羊分开，让羔羊在专用圈内活动，活动区内放有饲料槽和饮水器，其余时间仍然母仔在一起。补饲的饲料应与断奶后的饲料相同，谷粒在刚开始饲喂时可以稍加破碎，羔羊习惯采食后，则以整粒饲喂为宜。如果有条件最好加工成羔羊颗粒饲料。颗粒饲料适口性好，羊喜欢采食，比粉料能提高饲料报酬5%～10%。

2）实施早期断奶。从理论上讲羔羊断奶的月龄和体重，应以能独立生活并以饲草为主获得营养为准，据M. J. lucke试验观察，羔羊瘤胃发育可分为出生至3周龄的无反刍阶段，3～8周龄的过渡阶段，8周龄以后的反刍阶段，说明到8周龄时瘤胃已充分发育，能采食和消化大量植物性饲料，此时断奶是比较合理的。对羔羊实行早期断奶，可缩短育肥进程。

3）做好预防注射。肥育羔羊常见的传染病有肠毒血症和出血性败血症。羊肠毒血症疫苗可以在产羔前给母羊注射，或在断奶前给羔羊注射。羔羊活动场要保持干燥卫生，通风良好。

4）按比例配制日粮。根据羔羊的体重和育肥速度，配制全价饲料日粮。现列出早期断奶羔羊的饲料配方供参考：玉米 83%，黄豆饼 15%，石灰石粉 1.4%，食盐 0.5%，添加剂 0.1%（其中硫酸锌 1mg，硫酸锰 80mg，氧化镁 200mg，碘酸钾 1mg，维生素 A、维生素 D、维生素 E 分别为 500 国际单位、1000 国际单位、20 国际单位）。育肥全期不变更饲料配方。

5）让羔羊自由采食育肥饲料。最好采用自动饲槽，以防止羔羊四肢踩入饲槽，污染饲料，降低饲料摄入量，扩大球虫病和其他病菌的传染。自动饲槽应随羔羊日龄增大而适当升高，以饲槽中没有饲料堆积或溢出为准。

6）供给充足的饮水。饮水器内始终保持有清洁的饮水。

7）饲喂优质干草。断奶羔羊的日粮单纯依靠精饲料，既不经济又不符合生理机能规律，日粮必须要有一定比例的干草，一般占饲料总量的 30%~60%。苜蓿干草不仅蛋白质高达 20%，还含有促生长的未知因子，饲喂效果明显优于其他干草。

8）适宜出栏。出栏时间与品种、饲料、育肥方法等有直接关系。大型品种 3 月龄出栏，体重可达 35kg，小型品种相对差一些。断奶体重与出栏体重有一定相关性。据试验，断奶体重 13~15kg 时，育肥 50 天体重可达 30kg；断奶体重 12kg 以下时，育肥后体重达 25kg，在饲养上设法提高断奶体重，就可增大出栏活重。

3. 断奶羔羊育肥

羔羊 2~3 月龄断奶，经过 90~150 天的育肥，于 6~8 月龄达到屠宰体重。宰前活重一般公羔为 50kg，母羔为 40kg，胴体重为 20~22kg。断奶羔羊育肥是目前我国羊肉生产的主要生产方式，也是向工厂化高效肉羊生产的主要途径。育肥方式主要是异地舍饲育肥。育肥过程分为两个阶段：预饲期和育肥期。

（1）预饲期　预饲期一般为 15 天，分 3 个阶段过渡。

第 1~3 天为第一阶段，自由饮水，只喂干草，让羔羊适应新的

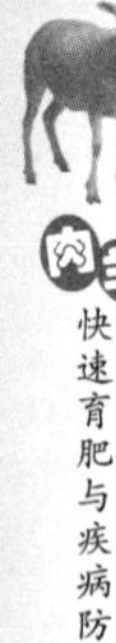

环境。

第4～10天为第二阶段，饲喂第二阶段日粮。预饲期第二阶段参考日粮配方：玉米粒25%，干草64%，糖蜜5%，油饼5%，食盐1%，抗生素50mg。此配方含蛋白质12.9%，总消化养分57.10%，消化能20.51Mcal，钙0.78%，磷0.24%，精、粗饲料比例为36∶64。

第11～15天为第三阶段，饲喂第三阶段日粮。预饲期第三阶段参考日粮配方：玉米粒39%，干草50%，糖蜜5%，油饼5%，食盐1%，抗生素35mg。此配方含蛋白质12.20%，总消化养分61.60%，消化能21.7Mcal，钙0.62%，磷0.26%。精、粗饲料比例为50∶50。

第16天正式进入育肥期，饲喂育肥专用日粮（表7-2）。

表7-2　育肥羔羊的饲养标准（每只每天需要量）

月龄	体重/kg	风干饲料/kg	消化能/MJ	消化粗蛋白/g	钙/g	磷/g	食盐/g	胡萝卜素/mg
3	25	1.2	10.5～14.6	80～100	1.5～2	0.6～1	3～5	2～4
4	30	1.4	14.6～16.7	60～150	2～3	1～2	4～8	3～5
5	40	1.7	16.7～18.8	90～140	3～4	2～3	5～9	4～8
6	45	1.8	18.8～20.9	90～130	4～5	3～4	6～9	5～8

（2）育肥期　肥育期的长短，因羔羊品种、类型、入圈个体大小，以及育肥期所采用的日粮类型而定。例如肉羊品种，或肉羊与当地品种的杂交后代，其生长速度较快，如果提供较高的日粮标准，日增重可以达到300g左右，一般育肥期为90天；当地粗毛羊，生长速度较慢，日粮标准适度降低，一般育肥期为150天。常用的日粮有粗饲料型、精饲料型和青贮饲料型3种。在饲养管理方面，羔羊先喂10～14天预饲期日粮，再转用青贮饲料型育肥日粮。青贮饲料型日粮开始喂时要适当控制喂量，以后逐日增加，10～14天内达到全量。羔羊每天进食量不少于2～3kg，否则达不到预计的日增重。严格按饲料比例配匀。每天要清扫饲槽，保持清洁卫生。

4. 当年羔羊育肥

当年羔羊育肥指羔羊断奶后在草地上放牧一段时间，然后进入

舍饲育肥期，当活重达15kg左右时屠宰的生产过程。这是目前我国生产羔羊肉的主要形式。

当年羔羊的短期舍饲育肥特点：这种育肥方式基本上属于吊架子育肥。哺乳期以母乳促进羔羊发育，断奶后在草地上放牧，使得骨架长大，进入舍饲育肥后饲喂精饲料使之增膘。生产上前期以奶为主，草料为辅，中期全部依靠牧草，后期增加精饲料喂量，这样就可以充分利用夏季盛草期的新鲜牧草，大大降低生产成本。当年羔羊经育肥后，肉质细嫩，新鲜多汁，膻味小，销售价格比成年羊肉高20%~50%。

（1）技术要点 当年羔羊均未参加配种，此时羔羊已性成熟，为保证育肥效果，应按性别分圈饲养；尽量减少应激反应。羔羊对饲料中有毒成分反应较敏感，因而要防止饲料中毒；注意维生素和微量元素的补充；精饲料比例要适当，以6∶4为宜，精饲料喂量过大，会出现精饲料比例过高而引起酸中毒。羔羊与成年羊相比较，对环境的抵抗力较差，冬季舍饲育肥时气温较低，能量消耗用于维持饲养，使得增膘速度慢。为此，在寒冷的牧区，可采用暖棚养羊方法育肥，在气温较高的半农半牧区，可通过调整饲养密度的方法予以弥补。

（2）舍饲羔羊育肥管理 育肥用配合饲料可以做成粉粒状，或颗粒饲料。粉粒状日粮，粗饲料（干草和秸秆等）不宜超过20%~30%，并要适当粉碎，粉粒大小不超过15mm。颗粒饲料用于羔羊育肥，日增重可以提高25%，同时可以减少饲料的抛撒浪费。颗粒饲料中的粗饲料比例，羔羊料不超过20%，羯羊等用的料可以增加到60%。颗粒大小：羔羊用为1~1.3cm，大羊用为1.8~2cm。在潮湿季节，舍饲育肥圈，特别是羔羊育肥圈，要铺垫一些秸秆、干草或其他吸水材料，以后直接往上添撒，每隔2m撒1行，一星期撒两次，每次铺撒的位置要更换，随着羔羊的运动将垫草散开铺匀。当精饲料比例增高时，羊的育肥强度加大，应特别注意在利用大量精饲料上能给育肥羊一个适应期，预防过食精饲料造成羊肠毒血症和因钙、磷比例失调引起的尿结石症等问题。圈舍要通气良好，夏季挡强光，冬季避风雪，讲究卫生，保持安静，不惊吓羊，为育肥

创造良好的生活环境。

第五节 成年羊育肥技术

成年羊的育肥主要指对一岁以上羊，其中包括不同年龄的瘦弱羊，以及淘汰母羊的育肥。其特点是体质弱，膘情差，精神状况中等。通过60~75天育肥，体重达到25kg以上即可屠宰。育肥时应按品种、活重和预期增重等主要指标确定育肥方案和日粮标准。

一 育肥方式

目前主要的育肥方式有补饲混合型和颗粒饲料型2种。补饲混合型是将精饲料与粗饲料混合饲喂。颗粒饲料型适用于有饲料加工条件的地区和饲养的肉用成年羊与羯羊。颗粒饲料中，秸秆和干草粉可占55%~60%，精饲料占25%~40%。

育肥羊入圈前，要进行分群、称重、注射疫苗、驱虫和环境消毒、清洁等工作。圈内设有足够的水槽和料槽，以保证不断水、不缺粮。日饲喂量一般为2.5~2.8kg，每天喂2次，以饲槽内基本无剩余为宜。选择最优配方并严格称量饲料。合理利用饲料资源、尿素和各种添加剂。

按品种、活重和预期日增重等主要指标来确定育肥方式和日粮标准，目前实际生产中主要是采用放牧加补饲的方式。饲养标准见表7-3。

表7-3 成年育肥羊的饲养标准（每只每天需要量）

体重/kg	风干饲料/kg	消化能/MJ	消化粗蛋白/g	钙/g	磷/g	食盐/g	胡萝卜素/mg
40	1	15.9~19.2	90~100	3~4	2.0~2.5	5~10	5~10
50	1.8	16.7~23.0	100~120	4~5	2.5~3.0	5~10	5~10
60	2	20.9~27.2	110~130	5~6	2.8~3.5	5~10	5~10
70	2.2	23.0~29.3	120~140	6~7	3.0~4.0	5~10	5~10
80	2.4	27.2~33.5	130~140	7~8	3.5~4.5	5~10	5~10

二 饲养管理

在舍饲饲喂过程中，不要经常变换饲料种类和饲料类型。一种饲料代替另一种饲料时，要有6~8天的过渡期，逐渐替换。用粗饲料替换精饲料时，过渡期要延长，一般为10天左右。各种青干草和粗饲草要铡短（2~3cm），块根块茎饲料要切片，饲喂时要少喂勤添。用青贮、氨化和秸秆饲料喂羊时，喂量要由少到多，逐步代替。每只成年羊每天喂量一般不超过以下限量：青贮饲料2.0~3.0kg，氨化秸秆1.0~1.5kg。饲喂精饲料以每天两次为宜。不准饲喂腐败、发霉、变质、冰冻及有毒有害的饲草饲料。要确保育肥羊每天都能喝足清洁的饮水；在冬季，不宜饮用雪水或冰冻水。

育肥羊的圈舍应清洁干燥，空气良好，挡风遮雨，同时要定期清扫和消毒，要保持圈舍的安静，不要随意惊扰羊群。供饲喂用的草架和饲槽，其长度应与羊只所占位置的长度和羊数相称，以免饲喂时羊只拥挤和争食。

对羊群要勤于观察，定期检查，一旦发现羊只异常，应及时请兽医治疗。及时注射四联苗，预防羊肠毒血症发生，并加强尿结石的预防。在以谷类饲料为主的日粮中，可将钙的含量提高到0.5%的水平，或加入0.25%的氯化铵，避免日粮中钙、磷比例失调，以防尿结石发生。在潮湿的圈舍和环境中，要勤换垫草，预防寄生虫病和腐蹄病的发生。

第八章 肉羊疾病防治

目前引起规模化舍饲育肥羊的主要疾病有病毒性疾病、细菌性疾病和营养性疾病，如图 8-1 所示。

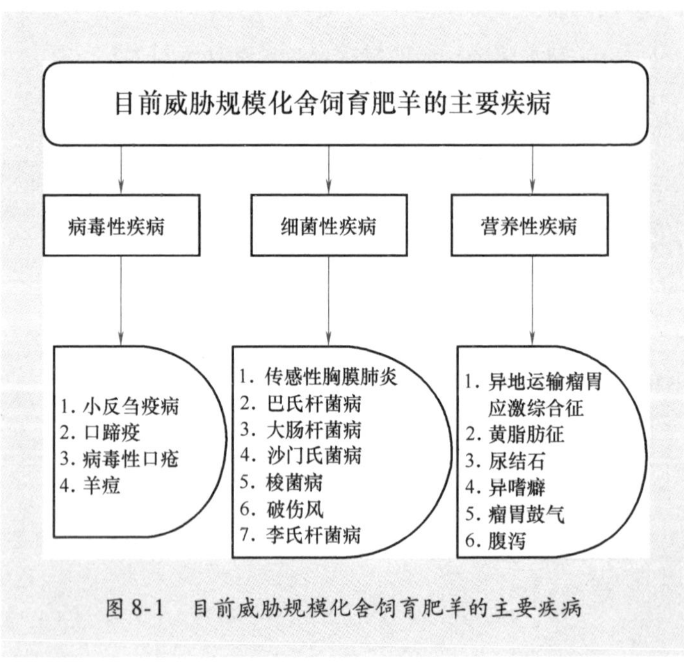

图 8-1　目前威胁规模化舍饲育肥羊的主要疾病

第一节　常见传染病防治

一　梭菌性疾病

1. 羊快疫

羊快疫是羊的一种急性传染病，又称为跳跳病。其特征为发病突然，病程极短，个别病羊仅仅见到跳几下就迅速死亡，病羊解剖特征为真胃出血性炎症。

【病原】病原为腐败梭菌，革兰氏阳性。

【流行病学】绵羊易感，其他羊较少发病。6~18 月龄、营养膘度在中等以上的绵羊发病较多。腐败梭菌广泛分布于低洼草地、熟耕地和沼泽地带，因此本病在这些地方常发生，一般呈地方性流行。舍饲羊发病多见于精饲料喂量过多，或者羊只受寒感冒及体内寄生虫危害时，能促使本病发生。

【症状】多数突然发病，短期死亡，由于病程常取闪电型经过，故称为“快疫”。死亡慢的病羊，可表现为迅速衰竭、磨牙、呼吸困难、昏迷；有的出现疝痛、瘤胃臌气，食欲废绝，粪团色黑而软，带有黏液或黏膜，恶臭。病羊体温正常、呼吸增数，心率异常增高达 130 次/min。病羊可在数分钟至数小时内死亡，延至 1 天以上的很少见。

【病理变化】多数病羊由于病程极短，解剖无可见明显病变。有一定病程的病死羊，尸体迅速腐败、鼓胀，偶见天然孔流出血样液体；切开皮下呈胶样浸润，并夹有气泡；皱胃及十二指肠黏膜肿胀、潮红，间有糜烂和溃疡；肝脏肿大，质脆，呈土黄色；胆囊多肿大，充满胆汁；肺水肿，心包积液，脾脏一般无明显变化，多数病例腹水带血。

【诊断】可从病史、迅速死亡及死后剖检做出初步诊断。病死羊肝被膜触片染色镜检，可发现革兰氏阳性无节丝状长链的大肠杆菌。确诊需要进行病原体的分离培养和鉴定。

【鉴别诊断】本病应与炭疽、羊肠毒血症和羊链球菌病相区别。

【防治】放牧疫区，每年春、秋羊只注射三联苗（羊快疫、羊肠毒血症及羊猝狙）。舍饲育肥羊，羊购进来 7~14 天，必须注射三联苗。繁殖母羊和种公羊，每年免疫 2 次。当羊圈发生疫情时，可全群投服 2% 硫酸铜（每只 100mL）或 10% 生石灰水溶液（每只 100 ~ 150mL），可在短期内显著降低发病数；或者立即给发病同群羊只注射青霉素 160 万单位、链霉素 100 万单位、安乃近 10mL，每天一次，连续 4 天，停药 5 天，再注射三联苗。相邻没有发病羊群，立即注射三联苗；同时立即减少精料 40%，日粮中添加酵母培养物，每只羊 10g/天，酵母片 10 片/天，连续饲喂 7 天。

治疗：氨苄西林 2g、地塞米松 10mg、安乃近 20mL，一次肌内注射，每天 2 次，连续 3 天。内服小苏打 10g，消胀片 10 片，加水 200mL，一天一次，连用 2 次。5% 碳酸氢钠 100mL；10% 葡萄糖 + 维生素 C 20mL + 氢化可的松 15mL，一次静脉注射；阿托品 10mL 肌内注射；速尿 10mL 肌内注射。

2. 肠毒血症

羊肠毒血症（又名软肾病或过食症）是绵羊的一种主要急性传染病。经常发生于不注射三联苗的育肥羊场。其特征为忽然发生腹泻、惊厥、麻痹、迅速死亡。剖检可见小肠出血、坏死、肾脏软化如泥。

【病原】产气荚膜梭菌引起羊肠毒血症多为 D 型菌，此菌为厌氧菌、革兰氏阳性，无运动性，在体内能形成荚膜，体外能形成芽孢。本菌能产生强烈的外毒素（现已知有 12 种之多），能引起溶血、组织坏死和高度的致死作用。

【流行病学】绵羊和山羊均可感染，但绵羊更为敏感。以 4 ~ 12 周龄羔羊多发，2 岁的绵羊很少发病。本病呈地方流行或散发，具有明显的季节性和条件性，多在春末夏初或秋末冬初发生。舍饲羊多在忽然增加精饲料的情况下发病增多。

一般发病与下列因素有关：在牧区由缺草或枯草的草场转至青草丰盛的草场，羊只采食过量；育肥羊饲喂精饲料过多，降低瘤胃的酸度，导致病原生长繁殖增快。多雨季节、气候骤变、圈舍潮湿、泥泞易诱发本病。

【症状】发病突然，病程很短，有时见到病羊向上跳跃，跌倒于地，发生痉挛，于数分钟内死亡。病程缓慢的可见兴奋不安，绿色糊状腹泻，空嚼，咬牙，嗜食泥土或其他异物，头向后倾或斜向一侧，做转圈运动，或者头抵墙壁；有的病羊呈现步履蹒跚，侧身卧地，角弓反张，口吐白沫，全身肌肉战栗等症状。体温不高，在昏迷中死亡。

【病理变化】突然倒毙的病羊无可见特征性病变，病死羊多数营养良好，死后尸体迅速发生腐败。解剖特征病变为肾表面充血，略肿，质脆软如泥。皱胃、十二指肠黏膜常呈急性出血性炎症，故有“血肠子病”之称。腹膜、隔膜和腹肌有大小不等的斑点状出血。心内外膜有小点出血。肝脏肿大，质脆，胆囊肿大，胆汁黏稠。全身淋巴结肿大充血，胸腹腔有多量渗出液，心包液增加，常凝固。

【诊断】根据生前没有注射疫苗，结合病史、体况、病程短促和死后剖检病变，可做出初步诊断。确诊有赖于细菌的分离和毒素的鉴定。

【防治】针对病因加强饲养管理，防止过食，精、粗、青料搭配，合理运动等。疫区应在每年发病季节前，注射羊三联菌苗。6 月龄以下的羊一次皮下注射 5～8mL，6 月龄以上注射 8～10mL 或羊注射五联菌苗（羊肠毒血症、快疫、猝狙、羔羊痢疾、黑疫）一律 5mL。对疫群中尚未发病的羊只，可用三联菌苗做紧急预防注射。当疫情发生时，应注意尸体处理，更换污染草场和用 5% 来苏儿消毒。

预防和治疗方法同羊快疫的防治方法。

3. 羊猝狙

羊猝狙是由 C 型产气荚膜梭菌引起的一种毒血症。临床特征以急性死亡、腹膜炎和溃疡性肠炎为特征。

【流行病学】多发于绵羊，山羊较少发生；以 2～12 月龄、膘情好的羊为主；诱因多见于进食大量谷类或青嫩多汁、富含蛋白质的饲料后容易发生，呈散发性。

【症状】突然发作，倒地，搐搦，肌肉颤搐，眼球转动，磨牙，口鼻流沫，昏迷死去。

【病理变化】解剖病死羊可见真胃含未消化的饲料，心包积液，心内、外膜出血；肾软化，小肠充血、出血，胸、腹腔积液。

【诊断】根据生前没有注射疫苗，结合病史、体况、病程短促和

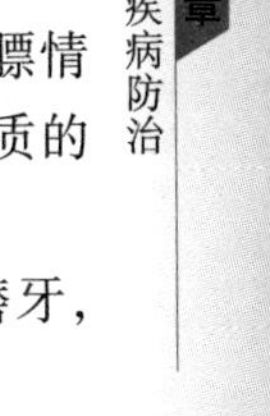

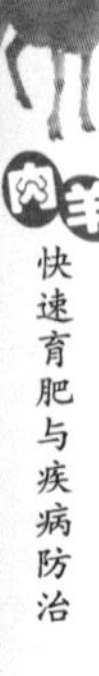

死后剖检病变，可做出初步诊断。确诊有赖于细菌的分离和毒素的鉴定。

【防治】防治方法可参照羊快疫。

4. 羊黑疫（传染性坏死性肝炎）

【病原】由B型诺维氏梭菌引起，2～4岁、营养状况好的绵羊多发。

【症状】病程短促、不食、呼吸困难、体温升高达41.5℃以上。多数病羊迅速出现昏睡，衰竭死亡。

【病理变化】尸体皮下静脉显著充血，因而皮肤呈黑色外观；胸部皮下组织水肿；胸腹腔有液体渗出，暴露于空气中易凝固；皱胃幽门部和小肠出血；肝脏充血、肿大、坏死。

【诊断】本病的确诊需要做细菌检查和毒素检测。

【防治】接种疫苗，及时驱虫，并将羊群转移到干燥地区。

5. 羔羊痢疾

羔羊痢疾是羔羊出生后1周内发生的以剧烈腹泻、迅速衰竭、大批死亡为特征。

【病原】产气荚膜梭菌B型菌。

【流行病学】该病主要发生于出生后7日龄内的羔羊，以2～3日龄羔羊发病最多。尤其是纯种羊和杂交羔羊易患本病，发病率与死亡率更高。一般在产羔初期零星散发，产羔盛期发病最多。妊娠母羊营养不良、羔羊体弱、脐带消毒不严、羊舍潮湿、气候寒冷等是发病的诱因。病羊及带菌母羊为重要传染源，经消化道、脐带或伤口感染，也有子宫内感染的可能。呈地方性流行。

【症状】潜伏期1～2天，有的可缩短为几小时。病初病羔精神沉郁，头垂背弓，停止吮乳，不久发生腹泻，粪便呈粥状或水样，色黄白、黄绿或灰白，恶臭。体温、心跳、呼吸无显著变化。后期粪便带血，肛门失禁，眼窝下陷，卧地不起，最后衰竭而死。

【病理变化】病死羔羊解剖可见皱胃黏膜出血、水肿、坏死灶。小肠出血性炎症比大肠严重，集合淋巴滤泡肿胀、出血、突出于黏膜表面，豆大，形状不规则，周围有出血炎性带。大肠病变与小肠相同，但较轻微。结肠、直肠黏膜充血或出血，排列成条状。肠系

膜淋巴结充血肿胀或出血。心、肝、脾、肺肿大，变性，呈一般败血症病变。

【诊断】根据流行病学、症状及病理剖检，可做出初步诊断。必要时为确定病原，在病羔刚死后，即采取回肠内容物、肠系膜淋巴结、心血等送实验室做病原学诊断。

【防治】做好母羊妊娠后期管理及疫苗注射，同时做好分娩接产和产后初乳饲喂与卫生工作。

（1）预防措施 加强母羊妊娠后期的饲养管理，使羔羊在胎儿阶段发育良好。要尽量避免在寒冷季节产羔。每年秋季给妊娠母羊注射羔羊痢疾菌苗或“羊快疫、猝狙、肠毒血症、羔羊痢疾、黑疫”五联菌苗，产前2~3周再对母羊接种一次羔羊腹泻疫苗。产后要加强对羔羊的护理，提早喂初乳，增强羔羊抵抗力。对病羊要隔离治疗，污染的棚舍、垫料等要彻底消毒。抓膘保暖、合理哺乳、消毒隔离；羔羊出生后12h内，灌服土霉素0.15~0.2g，每天1次，连续3天。

（2）治疗措施 治疗原则以消炎、抗菌、补液，解除酸中毒为原则。病初可肌内注射诺氟沙星5mL，每天2~3次，口服磺胺脒0.5g、次硝酸钠0.2g、鞣酸蛋白0.2g、小苏打0.2g、乳酶生片6片，加温水100mL，一次灌服，每隔8h一次。严重病例可采取5%碳酸氢钠20mL、糖盐水200mL加维生素C 10mL，地塞米松5mg静脉注射，阿托品2mL肌内注射。或者糖盐水200mL加氨苄西林1g，普鲁卡因5mL，右侧腹腔内注射，每天1次，连续3天。

二 羊炭疽

炭疽是由炭疽杆菌所引起的人畜共患的一种急性、热性、败血性传染病。特征为病羊高热、迅速衰竭、病程短促，鼻腔泡沫样鼻漏，高度致死，死后尸体容易腐败，解剖可见脾脏显著肿大，边缘出血，皮下和浆膜下有出血性胶样浸润，血液凝固不良，死后尸僵不全。

【病原】炭疽杆菌为革兰氏阳性大杆菌。在羊体内为单个、成双或3~5个菌体相连的短链，菌体两端平截，能形成荚膜，在体外接触空气后，很快形成芽孢。

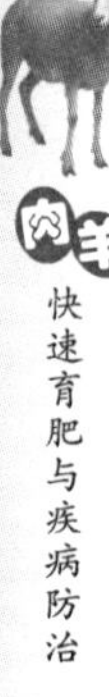

炭疽杆菌芽孢与菌体抵抗力不同。菌体抵抗力不强，在尸体内的炭疽杆菌，于夏季腐败的情况下 24~96h 死亡；煮沸 2~5min 立即死亡；一般消毒药都容易将其杀死；对青霉素敏感，它是治疗本病的常用有效药物。炭疽芽孢的抵抗力则特别强，在直射阳光下可生存4天，附着在毛皮上的芽孢，在干燥环境中可保持10年不死，在土壤中经 30 多年仍能存活。在粪中可活 1~8 年；在水中可存活1.5~3年；煮沸 1h 尚能检出少数芽孢，煮沸 2h 才能全部杀死。

【流行病学】各种家畜对本病都有感受性，以马、羊、牛及鹿的感受性最强。家禽在自然条件下不易感染炭疽。人也具有感染性。

本病的传染源是病羊及其尸体。病原体随病畜的分泌物和排泄物排出体外。尸体的血液、脏器、组织都含有大量炭疽杆菌，尤其是濒死期病畜从天然孔流出的血液中含有大量炭疽杆菌，在与外界空气接触之后，可形成抵抗力强大的炭疽芽孢，能保持生活力和毒力达几十年。因此，如果对病羊的分泌物、排泄物和尸体不及时采取合理处置，则一旦污染了土壤、水源及牧场等，就将成为长久的疫源地。

在通常情况下，家畜主要是由于摄入了含炭疽杆菌或炭疽芽孢的饲料和饮水，经消化道感染；经皮肤创伤感染的少见；而由吸血昆虫（主要是虻）传播感染的较多；呼吸道感染的可能性不能排除，但比较少见。人则多经损伤的皮肤和呼吸道感染。

本病多为散发，常发生于夏季，其他季节较少发生。其主要原因是夏季气温较高，有利于炭疽杆菌生长繁殖，同时吸血昆虫多，增加了传播机会。环境卫生不良、土壤严重污染的地区，也是炭疽病的常发地区。

【症状】潜伏期较短，一般为 1~3 天，但也有长至 14 天的。羊发病常为最急性和急性的。最急性发病时，羊突然倒地，全身痉挛，呼吸极度困难，瞳孔散大，磨牙，口、鼻等天然孔流出带有气泡的黑紫色血液，几分钟内死亡。急性发病时，可见病羊呆立，垂头，呼吸困难，体温上升至 41~42℃，口中流出大量红色唾液，全身抽搐，粪尿带血，常在 1~3 天内死亡。死后口、鼻、肛门出血，尸体长时间不僵直。

【病理变化】炭疽病死羊，一般表现尸僵不全，尸体迅速腐败，有明显膨胀。天然孔出血，血液黏稠，黑红色，不易凝固。黏膜蓝色，有出血斑点。剥开皮肤可见皮下、肌肉及浆膜下有出血性胶样浸润。脾脏显著肿大，较正常大3~5倍，脾髓暗红色，软如泥状，呈败血脾。小肠严重出血、坏死，黏膜溃疡，肠系膜淋巴结肿大、出血，切面黑红色。

【诊断】诊断本病应进行流行病学调查与分析。由于本病经过很急，病羊死亡较快，因此，临床诊断比较困难。一般依靠细菌学检查和血清学诊断。

（1）细菌学检查

1）检验材料的采取。病羊生前可采取静脉血液（耳静脉），如为痈型炭疽，可采取水肿液；疑似肠炭疽时，可采取带血粪便进行检查。疑为炭疽死亡的尸体应由末梢血管采血涂片镜检，做初步诊断。必要时可做局部解剖，采取小块脾脏，然后将切口用0.2%升汞或5%石炭酸浸透的棉花或纱布塞好，再用油纸包装，放入冰瓶密封，由专人送检。

2）显微镜检查。病羊生前血液标本常不能检出炭疽杆菌，因病羊只有在临死前4~20h血液中才会出现炭疽杆菌，且菌数很少。最急性死亡的病羊血液中细菌很少，也不易检出。炭疽的穿刺液及脾脏的涂片，检出细菌的机会较多。涂片最好用荚膜染色法，可见到有荚膜的典型炭疽杆菌。死亡时间较久尸体材料中，有时可见菌体消失，只留有荚膜，即所谓“菌影”。

3）培养检查。新鲜病料可直接接种于普通琼脂平板进行分离培养和鉴定。炭疽杆菌于普通琼脂上可形成扁平、粗糙、边缘不整齐，如卷发样菌落。

4）动物接种。将可疑病料用生理盐水制成5~10倍的乳剂。小鼠皮下注射0.1~0.2mL，注射后24~28h死亡，取其血液或脏器涂片检查，如果发现具有荚膜的炭疽杆菌则可确诊。

（2）血清学诊断

1）沉淀反应：炭疽沉淀反应（又称为Ascoli氏沉淀反应）。此法简便迅速，特异性高，比细菌学检查更有实用价值。将被检病料

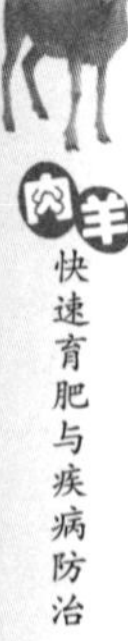

（血液、脾脏、皮张等均可）剪碎研磨后，用生理盐水稀释 5~10 倍，加热煮沸 15min 或置低温冷浸 20h，将上清液经石棉或滤纸过滤，使其清亮。用毛细吸管吸取此清亮滤液，加入已盛炭疽沉淀素血清的沉淀管中，层叠为两层，于 5min 内观察结果，如果两层液面交接处形成白色沉淀环，即为阳性反应。

2）此外还可做荧光抗体检验、噬菌体裂解试验、琼脂扩散试验、间接血凝试验、串珠试验、动物接种试验等。

（3）鉴别诊断

1）气肿疽。气肿疽是气性肿胀，触诊皮下有捻发音。患部肌肉红黑色，切面呈海绵状。脾和血液无明显变化，病原为不形成荚膜的气肿疽梭菌。

2）巴氏杆菌病。颈部肿胀与炭疽类似，但脾不肿大，血液凝固性良好。水肿液和血涂片可检出两极浓染的巴氏杆菌。

【防治】炭疽病的主要传染源是病羊，因此患炭疽病死亡的羊严禁剥皮吃肉或剖检，否则炭疽杆菌形成芽孢，污染土壤、水源和牧地。尸体要深埋，住过病羊的羊舍及用具要用10%~30%的漂白粉或10%硫酸石炭酸溶液、5%烧碱彻底消毒。

预防接种：在发生过炭疽病或有发病危险的地区，每年要对羊进行一次Ⅱ号炭疽芽孢苗预防接种，注射后 14 天即可产生免疫力。无毒炭疽芽孢苗，绵羊皮下注射 0. 5mL（山羊不宜使用）；Ⅱ号炭疽芽孢苗，山羊、绵羊均皮下接种 1mL。一般情况，禁止治疗，规模化羊场严禁剖解进行诊断。

三 大肠杆菌病

一些特殊血清型的大肠杆菌对羊有病原性，多引起严重腹泻和败血症。

【病原】病原性大肠杆菌和人畜肠道内正常寄居的非致病性大肠杆菌在形态、染色、培养特性和生化等方面没有区别，但抗原的构造不同。已知大肠杆菌有菌体（O）抗原 171 种，表面（K）抗原近 80 种，鞭毛（H）抗原 56 种，因而构成许多血清型。最常见的血清型 K_{88} 和 K_{99}。在引起人畜肠道疾病的血清型中，有肠致病性大肠杆

菌（简称 EPEC）、肠产毒素性大肠杆菌（简称 ETEC）和肠侵袭性大肠杆菌（简称 EIEC）。

【流行病学】病原性大肠杆菌的许多血清型可引起各种家畜和家禽发病。使羔羊致病的多带有 K_{99} 抗原。一个畜群如果不由外地引进同种畜，其病原性菌株常为一定的某 1～2 种血清型。幼龄羊对本病最易感，在羊出生后 6 天～6 周多发，有些地方 3～8 月龄的羊也有发生。

本病一年四季均可发生，但羔羊多发于冬春舍饲时期。羊发病时呈地方流行性或散发性，大型规模化养羊场，羊群密度过大、通风换气不良、饲管用具及环境消毒不彻底，是加速本病流行不容忽视的因素。

【症状与病变】潜伏期数小时至 1～2 天，分为败血型和肠型。

(1) 败血型 主要发于 2～6 周龄的羔羊，病初体温升高达 41.5～42℃。病羔精神委顿，四肢僵硬，运步失调，头常弯向一侧，视力障碍，继之卧地，头后仰，一肢或数肢做划水动作。病羔口吐泡沫，鼻流黏液。有些关节肿胀、疼痛，最后昏迷。多于发病后 2～4h死亡。剖检病变可见胸、腹腔和心包大量积液，内有纤维素；某些关节，尤其是肘和腕关节肿大，滑液浑浊，内含纤维素性脓性絮片。

(2) 肠型 主要发于 7 日龄以内的幼羔。病初体温升高到 40.5～41℃，不久即腹泻，粪便先呈半液状，由黄色变为灰色，混有气泡或有血液和黏液。病羊腹痛、精神委顿、虚弱、卧地，如果不及时救治，经 24～36h 后死亡，病死率 15%～75%。剖检尸体严重脱水，真胃、小肠和大肠内容物呈黄灰色半液状，黏膜充血，肠系膜淋巴结肿胀发红。

【诊断】根据流行病学、临床症状和病理变化可做出初步诊断，确诊需要进行细菌学检查。菌检的取材部位，败血型为血液、内脏组织，肠型为发炎的肠黏膜。对分离出的大肠杆菌应进行血清型鉴定。

近年来，国内外已研制出猪、羊、羊大肠杆菌病的单克隆抗体诊断制剂。

【防治】本病的急性经过往往来不及救治，可使用经药敏试验对

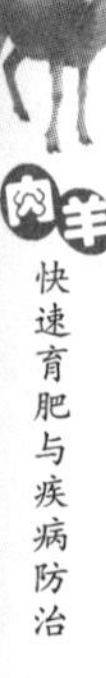

分离的大肠杆菌血清型有抑制作用的抗生素和磺胺类药物，如喹诺酮类、土霉素、磺胺甲基嘧啶、磺胺脒、呋喃唑酮，并辅以对症治疗。

近年来，使用活菌制剂，如益生菌微生态制剂治疗羊腹泻，有良好功效。

控制本病重在预防。妊娠母畜应加强产前、产后的饲养和护理，仔畜应及时吃初乳，饲料配比适当，勿使饥饿或过饱，断奶时饲料不要突然改变。用针对本地（场）流行的大肠杆菌血清型制备的活苗或灭活苗接种妊娠母畜，可使仔畜获得被动免疫。

四 沙门氏菌病

沙门氏菌病又名副伤寒，是由沙门氏菌属细菌引起的疾病总称。临诊上多表现为败血症和肠炎，可使妊娠母畜发生流产。许多血清型沙门氏菌，可使人感染和发生食物中毒。

【病原】沙门氏菌属是革兰氏阴性杆菌。许多型沙门氏菌具有产生毒素的能力，尤其是肠炎沙门氏菌、鼠伤寒沙门氏菌和猪霍乱沙门氏菌。毒素可使人发生食物中毒。

【流行病学】沙门氏菌属中的许多类型对人、家禽、牛、羊均有致病性。不同年龄的动物均可感染。但幼年动物较成年者易感。羊，以断奶或断奶不久的最易感。

病羊和带菌羊是本病的主要传染源。它们可由粪便、尿、乳汁以及流产的胎儿、胎衣和羊水排出病菌，污染水源和饲料等，经消化道感染健康羊。病羊与健康羊交配或用病公羊的精液人工授精均可发生感染。此外，子宫内感染也有可能。有人认为鼠类可传播本病。

【症状】潜伏期4~5天。本病据临床分为下列两型。

（1）下痢型 病羊体温升高至40~41℃，食欲减退，严重腹泻，排黏性带血稀粪，有恶臭。精神委顿，虚弱，继而卧地，1~5天后死亡。有的2周后可康复。发病率为30%，病死率为25%。

（2）流产型 沙门氏菌自肠道黏膜进入血液，被带至全身各个脏器，包括胎盘。细菌经母体血液进入胎儿血液循环中。妊娠绵羊于妊娠的最后1/3期发生流产或死产。病羊产下的活羔，也表现衰弱、委顿、卧地，并有腹泻、不吃乳现象，往往于1~7天内死亡。

流产率和病死率可达60%。

【诊断】根据流行病学、临床症状和病理变化，只能做出初步诊断，确诊需从病羊的血液、内脏器官、粪便，或流产胎儿胃内容物、肝、脾取材，做沙门氏菌的分离和鉴定。

【预防】加强饲养管理，保持饲料和饮水的清洁、卫生，消除发病诱因。采用饲料中添加抗生素，有条件的可进行免疫。

【治疗】可选用药敏试验有效的抗生素，如土霉素、诺氟沙星等，并辅以对症治疗。呋喃类（如呋喃唑酮）和磺胺类（磺胺嘧啶和磺胺二甲嘧啶）药物也有疗效。

五 巴氏杆菌病

巴氏杆菌病是由多杀性巴氏杆菌所引起羊的一种急性传染病。该病的特征是急性出血性败血症和组织器官的出血性炎症。

【病原】多杀性巴氏杆菌为革兰氏染色阴性菌，不能运动，不形成芽孢，对理化作用的抵抗力不强。在干燥空气中2~3天死亡，在血液、排泄物和分泌物中可生存6~10天，但在腐败的尸体中，可生存1~6个月之久。60℃、20min，70℃、5~10min可将其杀死，一般消毒药在数分钟内均可将其杀死。本菌对磺胺类、土霉素等药物敏感，是临床上首选治疗药物。

【流行病学】巴氏杆菌常存在于健康羊的呼吸道，呈健康羊带菌。当羊只受寒感冒、长途运输、饥饿、应激时，病原菌易侵入体内，经淋巴液入血液引起败血症。此时，病羊全身组织器官、体液、分泌物及排泄物中均含有巴氏杆菌，成为传染源。

本病主要经消化道感染，其次为通过飞沫经呼吸道感染，也有由皮肤、黏膜伤口或蚊蝇叮咬而感染的。

本病一年四季均可发生，但当气温变化大、阴湿寒冷时容易发病，呈散发性或地方流行性发生。

【症状】最急性：多见于哺乳羔羊，突然发病，出现寒战、虚弱、呼吸困难等症状，于数分钟至数小时内死亡。

急性：病羊表现精神沉郁，体温升高到41~42℃，咳嗽，鼻孔常有血沫。初期便秘，后期腹泻，有时粪便全部变为血水，常在严重腹泻后虚脱而死，病期一般为2~5天。

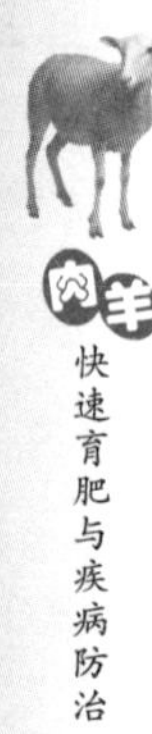

慢性：病羊显著消瘦，体温呈间歇热，不思饮食，流黏脓性鼻液，咳嗽，呼吸困难，有时颈部和胸下部发生水肿；常并发角膜炎，腹泻，多数病羊临死前体温下降，极度衰弱。

【病理变化】解剖可见皮下有液体浸润和小点状出血；胸腔内有黄色渗出物，肺有瘀血、小点状出血，肝见有黄豆至核桃大的化脓灶；胃肠道出血性炎症，其他脏器呈水肿和瘀血，间有小点状出血，但脾脏不肿大；病期较长者尸体消瘦，皮下胶样浸润。肺炎型病变明显，有胸膜炎及纤维素性肺炎，呈肝变或有干酪样坏死灶，切面呈大理石样。

【诊断】根据流行病学、临床症状和剖检变化，可对本病做出初步诊断，确诊需要实验室做病原诊断。同时，本病应注意与炭疽和气肿疽进行鉴别诊断。

【防治】预防本病主要是加强饲养管理，增强抵抗力。做好消毒及定期预防注射。使用羊巴氏杆菌氢氧化铝菌苗或油佐剂苗注射，免疫期为 9 个月，在运输前可注射血清或巴氏杆菌氢氧化铝菌苗预防。发现病羊和可疑病羊立即隔离治疗，庆大霉素注射液按 1000～1500 单位/kg 体重或四环素注射液 5～10 单位/kg 体重，或 20% 磺胺嘧啶钠注射液 5～10mL，均肌内注射，每天 2 次；复方新诺明或复方磺胺嘧啶，口服，每次 25～30 单位/kg 体重，每天 2 次，直到体温下降至常温，食欲恢复。

六 结核病

结核病是由结核分枝杆菌引起的人畜共患的一种慢性传染病。特征是病羊逐渐消瘦，组织器官内形成结核结节和干酪样坏死。

【病原】结核分枝杆菌共有三种型，即人型、羊型、禽型。无芽孢和荚膜，无鞭毛，不能运动。革兰氏染色呈阳性。本菌对链霉素、异烟肼、对氨基水杨酸钠、利福平、环丝氨酸等有不同程度的敏感性。

【流行病学】本病可感染多种家畜和人，该菌由于分型，对羊及人的敏感性也各有不同。病羊是本病的主要传染源，常由病羊的粪便、乳汁及气管分泌物排出结核杆菌污染周围环境而散播传染。主要通过被污染的空气经呼吸道感染，或者被污染的饲料、饮水和乳汁经消化道感染。有时可经胎盘或生殖器官感染，经皮肤创伤感染者极少见。本病一年四季均可发生。

【症状】一般当羊体重下降，逐渐消瘦时，应怀疑为结核病。

本病的潜伏期 2 周到数月，甚至长达数年，通常呈慢性经过。病初症状不明显，患病较久，症状逐渐显露。由于患病器官不同，症状也不一致。常见有肺结核、乳房结核、淋巴结核、肠结核，有时可见生殖器官结核和脑结核。

【病理变化】结核病变是在侵害的组织和器官内形成特异性结核结节，即粟粒乃至豌豆大小、灰白色、半透明的坚实结节，散在或互相融合形成较大的集合性结核结节。在胸膜和腹膜形成的结节，如珍珠样，称为“珍珠病”。

【诊断】仅凭症状不易确诊。用结核菌素试验、细菌学检查等进行诊断，不仅有助于确诊疑似病例，且可查出隐性病羊。

（1）结核菌素试验 根据感染本病的羊对结核菌素敏感性高的特点进行诊断。结核菌素可用点眼和皮内试验，检查羊结核，检出率高达 95% ~98%。其判定标准为点眼和皮内试验呈阳性反应，即可判定为结核菌素阳性，两次检验为可疑反应，可判定阳性。

（2）细菌学诊断 可根据患病部位的不同采取病科，如肺结核采取痰液，乳房结核采取乳汁，肠结核采取粪便，肾结核采取尿液，生殖道结核采取精液或子宫分泌物，体表结核性溃疡采取其脓性渗出液，病死家畜采取结核结节或干酪样坏死物，直接涂片，用抗酸法染色，镜检。必要时，可利用结核培养基培养，分离鉴定。

【防治】以检疫、隔离、消毒、处理为主要措施。

（1）检疫 无病羊群，特别是未发现结核病的羊群，每年应定期用结核菌素试验和临床检查全群检疫，以便及时发现和处理可能出现的病羊。对新引进的羊，应隔离观察 1 ~ 2 个月，并经结核菌素试验，证明无病者方可混群。

（2）隔离 对于检出的阳性病羊应立即隔离，并经常做临床检查，发现开放性结核病羊时，及时扑杀。

检出的疑似病羊也应隔离，可建立隔离畜群，与健康畜群严格隔开。如为疑似结核羊，应于 25 ~ 30 天进行复检，其结果仍为疑似反应时，经 25 ~ 30 天后可再进行第三次检疫，如仍为疑似反应，可

酌情处理。

（3）消毒 做好经常性的消毒工作，严防病原散播，粪便可堆积发酵消毒。

（4）其他 做好环境卫生，加强引种检疫。

七 布鲁氏菌病

本病是由布鲁氏菌所引起的人畜共患的一种慢性传染病。主要侵害生殖系统，以母羊发生流产和公羊发生睾丸炎为特征。

【病原】布鲁氏菌属有 6 个种，分别为马耳他布鲁氏菌、流产布鲁氏菌、猪布鲁氏菌、沙林鼠布鲁氏菌、绵羊布鲁氏菌和犬布鲁氏菌。它们在形态上没有区别，都呈细小的短杆状或球杆状，不产生芽孢，不能运动，革兰氏染色阴性。

布鲁氏菌对热非常敏感，70℃加热 10min 即可死亡。一般常用消毒药能很快将其杀死。

【流行病学】多种动物对牛、羊、猪等三种布鲁氏菌均有不同程度的感受性。自然病例主要见于牛、山羊、绵羊和猪，它们对同种布鲁氏菌最为敏感。骆驼、单蹄兽和肉食兽较少发病。鸡、鸭有时也可感染，一般情况下，母羊较公羊易感性大，成年羊较羔羊易感性高。

病羊是本病的传染源，布鲁氏菌主要存在于子宫、胎膜、乳腺、睾丸、关节囊等处，除不定期地随乳汁、精液、脓汁排出外，主要是在母羊流产时大量随胎儿、胎衣、羊水、子宫阴道分泌物以及乳汁等排出体外。因此，产仔季节以及羊群大批发生流产时，是本病大规模传播的时期。也可由直接接触（如交配）或通过污染的饲料、饮水、土壤、用具等，以及昆虫媒介而间接传染。感染途径主要是消化道，其次是生殖道和皮肤、黏膜，实际上几乎通过任何途径均可感染。

羊群一旦感染，首先少数妊娠羊流产，以后逐渐增多，新发羊群，流产率可达全部妊娠羊的 50% 以上，常产出死胎和弱胎。多数患病母羊只流产一次，流产两次者甚少，因此在老疫区大批流产的情况较少。病羊群在流产高潮过后，流产率逐渐降低甚至完全停止流产，但羊群始终带菌。

疫区羊分娩后不断出现胎衣不下、子宫炎、乳腺炎、关节炎、支气管炎、局部脓肿以及公羊睾丸炎等症状，经过 2～4 年之后，则此症状和病例可能逐渐消失，或仅少数病例留有后遗症，但羊群中仍有隐性病例长期存在，对人畜威胁很大，不可忽视。

【症状】潜伏期长短不一，短者 2 周，长者可达半年。

羊布鲁氏菌多数病例为隐性感染，症状不够明显。部分病羊呈现关节炎、滑液囊炎及腱鞘炎，通常是个别关节发炎（特别是膝关节和腕关节），偶尔见多数关节肿胀疼痛，呈现跛行，严重者可导致关节硬化和骨关节变形。

妊娠母羊流产是本病主要症状，但不是必然出现的症状。流产可发生在妊娠的任何时期，而以妊娠后期多见。羊多发生在妊娠第 3～4 个月。母羊流产前表现为精神沉郁，食欲减退，起卧不安，阴唇和乳房肿胀，阴道潮红、水肿，阴道流出灰黄色或灰红褐色黏液，不久便发生流产。流产胎儿多为死胎，少许弱胎，也往往于出生后 1～2 天死亡。

多数母羊在流产后伴发胎衣不下或子宫内膜炎，从阴道流出红褐色污秽不洁带恶臭的分泌物，可持续 1～2 周，或者子宫蓄脓长期不愈，甚至由于慢性子宫内膜炎而造成不孕。

公羊除关节受害以外，还往往侵害生殖器官，发生睾丸炎，睾丸肿大、阴囊增厚硬化、性功能降低，甚至不能配种。

【病理变化】布鲁氏菌病的病理变化主要是子宫内部的变化。在子宫绒毛的间隙中，有污灰色或黄色无气味的胶样渗出物，其中含有细胞及其碎屑和布鲁氏菌。绒毛膜的绒毛有坏死病灶，表面覆以黄色坏死物，或污灰色脓汁。胎膜由于水肿而肥厚，呈胶样浸润外观，表面覆以纤维素性脓汁。流产胎儿主要呈败血症病变。浆膜、黏膜有出血点与出血斑，皮下结缔组织发生浆液出血性炎症，脾脏和淋巴结肿大，肝脏中出现坏死灶，肺常有支气管肺炎。流产之后常继发子宫炎，如果子宫炎持续数月以上，则将出现特殊的病变。此时子宫体略增大，子宫内膜因充血、水肿和组织增殖而显著肥厚，呈污红色，其中还可见弥漫性红色斑纹。肥厚的黏膜构成了波纹状皱褶，有时还可见局灶性坏死和溃疡。输卵管肿大，卵巢发炎，组

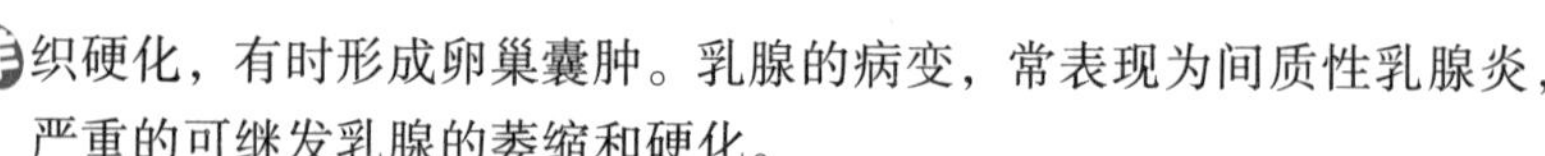

织硬化，有时形成卵巢囊肿。乳腺的病变，常表现为间质性乳腺炎，严重的可继发乳腺的萎缩和硬化。

公羊患布鲁氏菌病时，可发生化脓坏死性睾丸和附睾炎。睾丸显著肿大，其被膜与外层浆膜粘连，切面见坏死病灶与化脓灶。慢性病例，除见实质萎缩外，间质中还出现淋巴细胞的浸润。阴茎可以发生红肿，其黏膜上也可出现小而硬的结节。

【诊断】本病的流行特点、临床症状和病理变化均无明显的特征，只能作为初步诊断的参考。确诊本病则有待于细菌学、血清学和变态反应诊断。

【防治】以检疫、淘汰、屠宰、焚烧为主。重点做好种羊场的布鲁氏菌病净化，杜绝异地活畜运输。防治本病，应采取以下措施。

（1）加强检疫 为了保护健康羊群，防止布鲁氏菌病从外地侵入，尽量做到自繁自养，不从外地购买种羊。新购入的种羊必须隔离观察1个月，并做两次检疫，确认健康后方能合群喂养。每年配种前，种公羊也必须进行检疫，确认健康者方能参加配种。

本病常在地的家畜每年均需用凝集反应或变态反应定期进行两次检疫。

（2）定期预防注射 在布鲁氏菌病流行地区，积极采取疫苗注射是最佳预防手段，等到发现有大量病羊再进行为时已晚。每年都要定期预防注射，特别是作为当年后备羊的2次免疫注射十分重要。注射过菌苗的羊，不再进行检疫，要加速淘汰。常用的菌苗有以下几种。

1）布鲁氏菌19号弱毒菌苗。仅用于山羊和绵羊。所有的断奶后羊都可注射，不分年龄、妊娠，全群注射。严格操作程序，防止人员感染，最好是肌内注射。

2）冻干布鲁氏菌5号弱毒菌苗。分气雾免疫法和注射法两种，适用于绵羊、山羊和鹿。以配种前1~2个月进行为宜。孕畜不应接种。绵羊的免疫期为18个月，山羊的免疫期为1年。

3）冻干布鲁氏菌2号弱毒菌苗。可采用注射法和饮水法。

（3）严格消毒 对病羊接触过的场地、用具、分泌物等，流产胎儿、胎衣、羊水应妥善消毒处理。病羊的皮，需用3%~5%来苏儿浸泡24h后再利用。乳汁煮沸消毒，粪便发酵处理。

新出的季铵盐类及氯制剂类消毒药安全可靠，可广泛用于各类消毒。

此病目前尚无特效治疗方法，可用链霉素、土霉素、金霉素对症治疗。

八 破伤风

破伤风又称“强直症”，是由破伤风梭菌产生的外毒素所引起的一种创伤性、中毒性人畜共患传染病。病的特征是患病羊全身肌肉发生强直性痉挛，对外界刺激的反射兴奋性增高，牙关紧闭，流涎，瘤胃鼓气。

【病原】破伤风梭菌为革兰氏染色阳性厌氧菌，具有周身鞭毛，能运动，无荚膜，形成芽孢，能产生毒性极强的外毒素，即痉挛毒素、溶血毒素和非痉挛性毒素。痉挛毒素为引起羊发生破伤风症候群的特异嗜神经毒素，溶血毒素具有溶解红细胞使局部组织坏死的作用；非痉挛性毒素可麻痹神经末梢，但毒素的耐热性很差，65℃、5min 即可破坏。芽孢的抵抗力极强，煮沸需 1～3h，3% 福尔马林（甲醛）24h，5% 石炭酸 15h，10% 碘酊 10min，105kPa 高压 15～20min才能杀死。它对干燥的抵抗力特别强，经 10 多年仍有生活力。

【流行病学】羊主要经去势的阴囊伤口感染破伤风梭菌。破伤风梭菌在厌氧环境下发育，产生毒素引起发病。本病以散发形式出现。

【症状及诊断】潜伏期 1～2 周，长的可达 40 天以上。病羊常见全身肌肉强直性痉挛，反刍停止，瘤胃臌气。首先发生于头颈部，渐渐四肢强直。病羊开口困难，采食和咀嚼障碍，重的牙关紧闭，吞咽困难，流涎。两耳竖立，不能活动。头颈伸直，不能转动。背腰僵硬，肚腹卷缩，尾根高举，四肢强直，张开站立，状如木马。运步困难，很难转弯或后退，病重的不能起立。呼吸浅表、增快，心悸亢进，排粪迟滞，粪球干硬。体温一般正常，仅在濒死期体温升高至 42℃以上，无治愈希望。死亡常因严重脱水和心脏停搏所致。

【预防】预防本病首先要防止羊发生外伤，如果有外伤应及时处理。对去势羊或进行外科手术时，应严格消毒，以防污染，最好注射抗破伤风血清 2mL。

【治疗】羊患破伤风会引起严重脱水和瘤胃功能紊乱，不建议治疗。

九 李氏杆菌病

李氏杆菌病是一种散发性传染病，羊主要表现为脑膜炎、败血症和妊娠羊流产。

【病原】病原为产单核细胞李氏杆菌，这是一种革兰氏阳性的小杆菌，一般消毒药都易使之灭活。

【流行病学】本病为散发性，一般只有少数发病，但病死率很高。不同年龄的羊都可感染发病，以幼龄羊较易感，发病较急，妊娠母羊也较易感。

【症状】该病的潜伏期为2～3周。病初体温升高1～2℃，不久降至正常。主要表现为精神沉郁、呆立、轻热、流涎、流鼻液、流泪、咀嚼吞咽迟缓。脑膜脑炎发生于较大的羊，主要表现头颈一侧性麻痹，弯向对侧，或沿头的方向做圆圈运动，颈项僵硬，有的呈现角弓反张，呈昏迷状，卧地而死。病程短的2～3天，长的1～3周。妊娠母羊常发生流产，突然发生脑炎，病程短，病死率很高。

【诊断】病羊如表现特殊神经症状、妊娠羊流产、血液中单核细胞增多，可疑为本病。确诊必须经实验室诊断。诊断时应注意与表现神经症状的其他疾病（如脑包虫病、伪狂犬病）进行鉴别。

【防治】

（1）预防措施 由于该病的发生往往与饲料霉变有关，建议饲料中添加霉可吸等饲料脱霉剂和瘤胃调控剂，同时注意定期给羊舍铺垫沙土，保持羊圈干燥，定期消毒。

（2）治疗措施 链霉素、四环素、磺胺类药物对本菌敏感，用药要连续，注意护理。但多数治疗无效，不建议治疗。

十 传染性胸膜肺炎

传染性胸膜肺炎是一种接触性传染病，主要是高热、咳嗽、纤维蛋白渗出性肺炎和胸膜炎。

【病原】丝状支原体丝状亚种，在自然环境中存活力较强，但经

55～56℃加热40min即可死亡，1%克辽林5min、0.25%福尔马林或0.5%石炭酸于48h内都可将其杀死，青霉素和链霉素对其都没有抑制作用，用拜有利、四环素和泰乐菌素有一定疗效。

【流行病学】自然条件下，以3岁以下的羊发病为多；病羊为主要传染源，病羊肺组织以及胸腔渗出液中含有大量病原体，主要经呼吸道分泌物排菌。本病常呈地方性流行，主要通过空气飞沫经呼吸道传染，接触传染性强。阴雨连绵，寒冷潮湿，营养缺乏，羊群密集、拥挤等不良因素易诱发本病。

【症状】潜伏期一般4～10天，最长的可达两周以上。

（1）最急性病例 病初羊体温升高至41～42℃，呼吸困难，极度委顿，食欲废绝，痛苦咩叫。经12～36h，病羊卧地不起，四肢直伸，呼吸极度困难，黏膜高度充血、发绀，目光呆滞，呻吟哀鸣，不久窒息死亡。病程一般4～5天，有的仅12～24h。

（2）急性病例 病初羊体温升高至40℃以上，食欲下降，精神不振，呆立懒动，接着出现短而湿的咳嗽，并伴有浆性鼻液；4～5天后，咳嗽变干性，鼻液变成脓性黏液并呈铁锈色，黏附于鼻孔和上唇，结成棕色痂垢。此时按压胸壁表现敏感，出现疼痛，高热稽留不退，食欲锐减，眼睑肿胀、流泪；呼吸困难，张嘴呼吸，流泡沫状唾液；头颈伸直，腰背拱起，腹肋紧缩，痛苦呻吟，妊娠母羊大批发生流产，最后病羊衰竭死亡。病期一般7～15天，少数可转为慢性。

【病理变化】胸腔常见有浅黄色积液，暴露于空气后易于凝固；呈纤维素性肺炎，间或为两侧性肺炎，肺实质肝变，切面呈大理石样变化；胸膜增厚而粗糙，常与胸膜、心包膜发生粘连；支气管淋巴结、纵隔淋巴结肿大，切面多汁并有出血点；心包积液，心肌松弛、变软；肝脏、脾脏肿大，胆囊肿胀；肾脏肿大，被膜下可见小点出血。

【诊断】需要做病原学鉴定。

【预防】坚持自繁自养，勿从疫区引进羊只。平时要加强饲养管理，注意环境卫生，避免寒冷潮湿和羊群过分拥挤。对从外地引进的羊要隔离观察45天以上，确认健康后方可混群。对病羊、可疑病羊要分群隔离和治疗；对被污染的羊舍、场地，病羊的尸体要进行彻底消毒和无害化处理。

本病流行区坚持免疫接种，用羊传染性胸膜肺炎氢氧化铝灭活疫苗，半岁以下羊在皮下或肌内接种3mL，半岁以上羊接种5mL；羊群发病时，应及时进行封锁、隔离和治疗。

预防应急措施：全群饲料内添加土霉素或泰乐菌素，连喂5天。饮水中加入电解多维、阿莫西林或泰乐菌素、葡萄糖连饮5天。

【治疗】全群饲料内添加土霉素或泰乐菌素加扶正败毒散拌料，连喂5天。

处方1：对发病较重羊每千克体重用20%长效土霉素（德利先）注射液、30%氟苯尼考（泰诺康）注射液各0.1mL肌内注射，每天2次，连续4天；对体温升高的病羊肌内注射安乃近，对食欲不佳的病羊肌内注射开胃灵。

处方2：氟苯尼考10mL，肌肉分两点肌内注射，每天2次，连用4天。青霉素80万单位、链霉素100万单位、板蓝根10mL、地塞米松5mL、混合，于颈部分点肌内注射，每天2次，连用4天。

十一 羊传染性脓疱

该病由脓疱疮病毒引起，羔羊多发，也称病毒性口疮。主要特征为口唇等处皮肤和黏膜形成丘疹、脓疱、溃疡和结痂。

【病原】传染性脓疱疮病毒。该病毒对外界环境的抵抗力很强，干痂中的病毒在夏季日光下经1~2个月才被杀死，在地面上经过一个秋冬，仍具有传染性，但抵抗热的能力较弱，64℃、2min可将其杀死。

【流行病学】本病只危害绵羊和山羊，且以3~6月龄的羔羊多发，常呈群发性流行；成年羊也可感染发病，但呈散发性流行；病羊和带毒羊为传染源，主要通过损伤的皮肤、黏膜感染；自然感染是由于引入病羊或带毒羊，或者利用被病羊污染的厩舍、牧场而引起。

【症状】

（1）唇型 病羊首先在口角，上唇或鼻镜上出现散在的小红斑，逐渐变为丘疹和小结节，继而成为水疱或脓疱，破溃后结成黄色或棕色的疣状硬痂；多数病羊经 1～2 周痂皮干燥，脱落而康复；严重病例，患部继续发生丘疹、水疱、脓疱、痂垢，并互相融合，波及整个口唇及眼睑和耳郭等部位，形成大面积龟裂、易出血的污秽痂垢；痂垢下伴以肉芽组织增生，整个嘴唇肿大外翻呈桑葚状隆起，影响采食，病羊日趋衰弱，多数继发细菌感染，体温升高。

（2）蹄型 通常于指间、蹄冠或系部皮肤上形成水疱、脓疱、溃疡。

（3）外阴型 病羊表现为阴道流出黏性或脓性分泌物，阴唇肿胀、溃疡；乳房和乳头皮肤发生脓疱、烂斑。公羊则表现为阴囊肿胀，皮肤上出现脓疱、溃疡。

【诊断】根据流行病学与临床症状可初步诊断，确诊需要病原学检查。

【预防】本病主要由创伤感染，因此，对购入的羊在预饲期要仔细检查，发现病羊要立即隔离，治疗。对污染的羊舍、用具可用 2% 烧碱水或 10% 石灰水消毒，垫草烧毁。对健康羊立即注射疫苗进行预防。

【治疗】先用 35℃的消毒液清洗或液状石蜡浸泡结痂致使变软，再揭去痂片，洗净血污后涂上红霉素软膏，或者蜂胶外伤灵，或者 2% 紫药水、蜂蜜，每天 1 次。

十二 羊痘

羊痘是由痘病毒引起的一种急性、热性、接触性传染病。其特征为皮肤和黏膜发生丘疹和水疱。

【病原】羊痘病毒属于痘病毒科、脊椎痘病毒亚科。脊椎羊痘病毒分为 4 个属，各种羊的痘病毒分属于各个属。痘病毒为 DNA 型病毒，在寄生的细胞中产生嗜碱性或嗜酸性的包涵体。

【流行病学】绵羊和山羊易感染。绵羊痘常出现全身症状。病毒常存在于痘浆、痘疱上皮和黏膜分泌物内，常可随脱落的痂皮、分泌物污染周围环境和饲料、饮水等。健康羊常因吸入被污染的空气或通过损伤的皮肤黏膜而感染。

本病可发生于任何季节，但以春、秋两季较常发。当饲养管理不良、拥挤以及机体抵抗力降低时，均可促使本病发生与流行。

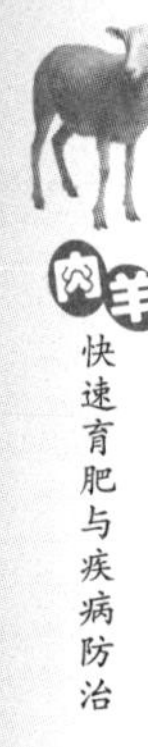

【症状及诊断】潜伏期为4~7天。根据临床表现可分为典型和非典型两种。

（1）典型症状 病初体温升高至40~42℃，精神沉郁，脉搏加快，呼吸促迫，眼、鼻有浆液性、黏液性或脓性分泌物。1~2天后，在无毛或少毛部位，如眼、唇、鼻、乳房、外生殖器官、尾下面和腿内侧等处，出现圆形红斑（蔷薇疹）。经2~3天蔷薇疹发展至豌豆大，突出于皮肤表面成为苍白色坚实结节，再过2~3天，由于白细胞渗入水疱内，液体浑浊形成脓疱。此时体温上升，全身症状加剧，如果未感染其他病原菌，则约3天脓疱内容物逐渐干涸，形成褐色或黑褐色痂皮；7天左右，痂皮脱落，遗留瘢痕而痊愈。病程为3~4周。多数病羊继发细菌感染，发生败血症死亡。

（2）非典型症状 病变发展到丘疹期而中止，即所谓顿挫型。或偶尔见痘疱内出血，使痘疱呈黑红色，称为“出血痘”或“黑痘”；继发感染坏死杆菌时，形成坏疽性溃疡，称为“坏疽痘”或“臭痘”，此即所谓恶性型，多以死亡告终，常见于营养不良、体质瘦弱的老、弱羊及幼羊。

【预防】加强饲养管理，勿从疫区引进羊和购入羊肉。做好进圈检查，发现病羊立即隔离和消毒。繁殖母羊每年注射羊痘苗一次，育肥羊进圈20天，使用羊痘鸡胚化弱毒疫苗大小羊只一律尾部或股内侧皮内注射0.5mL，4~6天产生免疫。

【治疗】本病目前尚无特殊治疗方法，主要在加强护理的基础上进行对症治疗。

处方1：患病羊进行隔离饲养，对其病变部位先用0.1%~0.2%高锰酸钾溶液冲洗，然后涂以3%甲紫、红霉素软膏，每天1次；每只羊肌内注射利巴韦林2mL、维生素C 10mL，每天2次。对病情严重者，为防止继发感染，可配合肌内注射青霉素160万~240万单位、硫酸链霉素100万单位、安乃近10mL，一次肌内注射。口服磺胺类药物。

处方2：利巴韦林（三氯唑核苷注射液）10mg/mL，地塞米松注射液10毫克/mL，分别肌内注射。局部用碘甘油或甲紫涂擦，连续用药3天。

十三 口蹄疫

口蹄疫是由口蹄疫病毒引起的羊的一种急性、热性、高度接触性传染病。特征为跛行、体温升高，严重时口腔黏膜、蹄部和乳房皮肤发生水疱。

【病原】口蹄疫病毒属于微RNA病毒科、口疮病毒属。该病毒是目前已知最小的RNA病毒。病毒共分为A型、O型、C型、南非1型、南非2型、南非3型和亚洲型7个主型，各型又分若干亚型，相互之间无交叉免疫性，但它们在发病症状和流行方面的表现是相同的。

口蹄疫病毒对外界的抵抗力很强，在自然情况下，含病毒组织和污染的饲料、用具、皮毛及土壤等，可保持数周至数月的传染性。低温不仅不能使病毒减弱，反而能保持毒力。在冰冻情况下，骨髓中的病毒能生存70天；血液中的病毒能保持毒力4~5个月；肉中的病毒能保存30~40天；粪中的病毒可存活156~168天。高温和阳光（紫外线）对病毒有毁灭作用，在直射阳光下，经60min即可死亡；加温85℃、15min，煮沸3min即可死亡。

病毒对酸、碱作用敏感，2%氢氧化钠、30%热草木灰液、2%甲醛溶液是良好的消毒药。

【流行病学】在自然情况下牛最易感，猪仅次于牛，羊再次之，人也有易感性。病羊和潜伏期的带毒羊是最危险的传染源。病毒主要存在于水疱皮和水疱液中；发热期存在于血液中；病羊的乳汁、尿液、口涎、眼泪和粪便中均含有病毒。病初，病羊可排出大量毒力很强的病毒，个别羊痊愈后，还可带毒2~3个月。

本病可通过直接接触和间接接触传染，主要通过消化道，其次通过黏膜和损伤的皮肤传染，也能经呼吸道传染。由于口蹄疫是传染性最强、散播速度最快的疫病之一，它的发生虽无严格的季节性，但一般多在立秋、立春日前后流行。在夏季本病一般减缓和平息，显然是炎热的气候和强烈的日光曝晒，使散播在自然界中的病毒很快失去传染性；冬季发生时，一般流行速度不及春季，但由于气候寒冷干燥，适于病毒长期存活，故疫情很难彻底扑灭。此外，易感家畜的大量集散和移动，家畜和人的机械带毒，污染畜产品和饲料

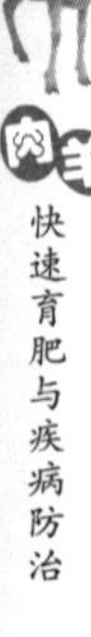

的转运、交通运输工具和饲养用具的任意流动，以及防疫措施执行不严等因素，对本病的传播也起着促进作用。灰尘、鸟和风是远距离传播的主要因素，因此本病常发生大流行，被列为一类传染病。

【症状】开始时不易发觉，以后病羊出现跛脚、采食量减少、精神不振、体温上升现象。少数羊，2～3天后，口角带白色泡沫口腔黏膜和蹄趾间发生水疱和疱疹，水疱主要发生于硬腭和舌面，严重病羊会急性死亡。但多数病羊能耐过而康复。

【预防】口蹄疫流行区，坚持免疫接种。繁殖羊每年9月15日、10月1日、12月20日，注射口蹄疫O型、A型和亚洲型三联疫苗。育肥羊进圈第14～20天，注射口蹄疫三联疫苗。发生口蹄疫时，要严格实施封锁、隔离、消毒、扑杀等综合性措施，对病死羊要深埋，污染场地要彻底消毒。

【治疗】为促使病羊早日痊愈，缩短病程，防止继发感染，减少损失，在疫区，要在严格隔离的条件下，及时对病羊进行治疗。可用0.5%普鲁卡因水溶液冲洗口腔，或用紫药水、蜂胶外伤灵涂抹，同时使用抗生素控制继发感染。除局部治疗外，还可补液强心，补充电解质多维，注射抗病毒、抗生素等消炎止痛药物。

十四 蓝舌病

蓝舌病是以昆虫为传染媒介的一种病毒性传染病。主要发生于绵羊，其临诊特征为发热，消瘦，口、鼻和胃黏膜的溃疡性炎症变化，因病羊舌呈蓝紫色而得名。

【病原】蓝舌病病毒属于呼肠孤病毒科的环状病毒属，是一种双股RNA病毒，已知本病毒有24种血清型，各型之间无交互免疫力。

【流行病学】绵羊易感，不分品种、性别和年龄，以1岁左右的绵羊最易感，哺乳羔羊有一定的抵抗力。主要由各种库蠓昆虫传播。

【症状】潜伏期为3～8天，病初体温升高达40.5～41.5℃，稽留热持续5～6天。表现为厌食、委顿、流涎，口唇水肿延到面部和耳部，甚至颈部、腹部。口腔黏膜充血，后发绀，呈青紫色。在发热几天后，口腔连同唇、龈、颊、舌黏膜糜烂，致使吞咽困难；随着病情发展，在溃疡部位渗出血液，唾液呈红色，口腔发臭。鼻流炎性、黏性分泌物，鼻孔周围结痂，引起呼吸困难和鼾声。有时蹄

冠、蹄叶发炎，触之敏感，呈不同程度的跛行。病羊消瘦、衰弱，有的便秘或腹泻，有时腹泻带血，早期有白细胞减少症。病程一般为6~14天，发病率30%~40%，病死率2%~3%，有时可高达90%，患病不死的经10~15天症状消失，6~8周后蹄部也恢复。妊娠4~8周的母羊受感染时，其分娩的羔羊中约有20%发育缺陷，如脑积水。

【病理变化】口腔出现糜烂和深红色区，舌、齿龈、硬腭、颊黏膜和唇水肿。

【诊断】根据典型症状和病变可以做临床诊断，如发热、白细胞减少、口和唇肿胀与糜烂、跛行等。确诊需要采取病料进行人工感染或鸡胚或乳鼠和乳仓鼠分离病毒。也可进行血清学诊断，方法有补体结合试验、中和试验、琼脂扩散试验、直接和间接荧光抗体技术、酶标记抗体法、核酸电泳分析与核酸探针检测等，其中以琼脂扩散试验较为常用。

羊蓝舌病与口蹄疫、水疱性口炎等有相似之处，应注意鉴别。

十五 小反刍兽疫

小反刍兽疫（Peste des petits Ruminants PPR）是由副黏病毒科麻疹病毒引起的一种急性接触型传染性疾病，主要感染小反刍兽，特别是山羊和绵羊，野生动物偶尔感染，未见有人感染该病的报道。此病流行于非洲、阿拉伯半岛、大部分中东国家和南亚、西亚。该病为国际兽疫局规定的A类疾病，同时也是我国规定的一类动物疫病。2007年传入我国。现在我国多地暴发，病死率极高。

【病原】反刍兽疫是由小反刍兽疫病毒（Peste des petits ruminants virus，PPRV）引起的一种严重的传染病，主要感染小反刍动物，特别是山羊高度易感。

病毒在体外存活时间不长，56℃，病毒于血、脾、淋巴结内的半衰期为5min。70℃以上，迅速灭活。4℃下，pH为7.2~7.9，病毒稳定，半衰期为3.7天，但如果pH高于9.6或低于5.6，对病毒迅速灭活。

病毒可在胎绵羊肾、胎羊及新生羊的睾丸细胞、Vero细胞上增殖，并产生细胞病变（CPE），形成合胞体。

【流行病学】

（1）传染源 患病动物及其分泌物和排泄物，组织或被其污染

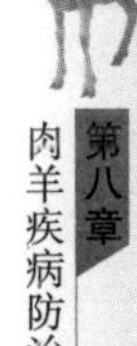

的草料、用具和饮水等。

（2）传播途径 本病主要通过直接和间接接触传染或呼吸道飞沫传染，饮水也可以导致感染。病畜急性期自分泌物、排泄物及呼气等排出病毒，成为传染源。同地区的动物，以直接接触方式或经由咳嗽而发生短距离飞沫传染，不同地区因异地运输引入病羊而扩散，故须管制感染区羊只及相关物品的移出。一般认为羊只恢复后不会成为慢性病原者，但感染后的潜伏期间，可能传播本病。

病毒发现于精液及胚胎，故可能会经人工授精或胚胎移植传染。

感染母羊从发病前1天起至发病后45天期间，乳汁含病毒，故可经乳汁传染。

目前尚缺乏冷冻羊肉或其他肉品的病毒存活资料，但因肉品的pH下降，病毒不易存活，故经由肉品传播概率低。

病毒在体外不易存活，故各种病媒的传播概率低。昆虫也不认为会传播本病。

（3）易感动物 山羊、绵羊为主要的感受性动物，山羊较绵羊感染性高且临床症状较严重。不同品种的山羊或同品种不同个体的感受性也不同，欧洲品系山羊较易感染。本病也会感染野生动物如瞪羚、阿尔卑斯山野生山羊或其他野生绵羊等，但通常为亚临床经过。

（4）发生与分布 目前，主要流行于非洲西部、中部和亚洲的部分地区。

（5）潜伏期 小反刍兽疫潜伏期为4~5天，最长21天，《陆生动物卫生法典》规定为21天。如同其他动物传染病，首次入侵时，所有感受性羊群即大暴发本病，但一旦常在后，就变为散发，随季节性羊羔的出生而病例增加。

【症状】病羊以发热，眼、鼻分泌物增多，口炎，腹泻和肺炎为特征的急性病毒病。本病潜伏期多为4~6天，发病急，初发羊群几乎所有羊都出现急性发热，高热可达41℃以上，持续3~5天，病畜精神沉郁，食欲减退，体重下降，鼻镜干燥，口、鼻腔分泌物逐渐变成脓性黏液，如果病羊不死，这种症状可以持续14天。发热开始的4天内，口腔黏膜先是轻微充血及出现表面糜烂，大量流涎，坏

死通常首发于牙床下方黏膜，其后坏死现象迅速向牙龈、硬腭、颊、口腔乳突、舌等黏膜蔓延。坏死组织脱落，出现不规则且浅的糜烂斑。部分羊的口腔病变，2 天内痊愈，这些羊可能恢复。后期出现带血水样腹泻，严重脱水，消瘦，妊娠羊可能流产。随之体温下降，因二次细菌性感染出现咳嗽、呼吸异常，发病率可达 100%，病死率可达 100%，一般不低于 50%，幼年动物发病率和病死率都很高。超急性病例可能无病变，仅出现发热和急性死亡。

【病理变化】尸体剖解病变与羊瘟相似，患畜可见结膜炎、坏死性口炎等肉眼病变，在鼻甲、喉、气管等处有出血斑，严重病例可蔓延到硬腭及咽喉部。皱胃内膜糜烂，出血。瘤胃、网胃、瓣胃很少出现病变；小肠可见糜烂或出血，大肠，盲肠、结肠黏膜出现特征性线状出血或斑马样条纹；肠系膜淋巴结肿大；脾脏出现坏死灶病变。

【诊断要点】

1）根据临床症状、流行病学、剖解病变进行初步诊断，确诊需要进行实验室诊断。

2）样品采集：以拭棒采取眼结膜炎分泌物及鼻、口腔、直肠分泌物，剖检采取淋巴结、扁桃体、脾、肺、大肠等组织块，以干冰或冰袋冷藏输送至实验室，如果输送时间超过 72h，则将病材先加以冷冻，以干冰冷冻输送。供病理切片组织则以 10% 福尔马林液保存，及时输送。另采取全血，供病毒分离、血液学及血清学使用。

3）鉴别诊断：小反刍兽疫诊断时，应注意与蓝舌病、口蹄疫、急性消化道感染症、羊痘做鉴别。

【疫情处理】一旦发生本病，应按《中华人民共和国动物防疫法》规定，按照一类动物疫情处置方式扑灭疫情。健康羊立即进行强制免疫。

第二节　常见寄生虫病防治

一　肝片吸虫

肝片吸虫寄生在羊的肝脏和胆管中，危害较大，当侵入肝脏时，

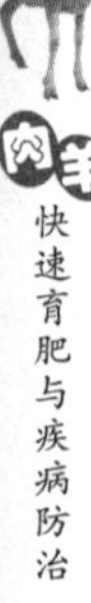

引起肝组织损伤、肝脏肿大、急性肝炎和内出血；当侵入胆管时，引起慢性胆管炎、慢性肝炎和贫血。严重的常发生死亡。

【病原】肝片吸虫外观呈叶片状，好似柳树叶，从胆管取出时为浅红色，吸盘在虫的头部，透过体壁可见到树枝状的内脏器官。雌虫在胆管内产卵，随胆汁流入肠道，再随粪便排出体外。卵在适宜的环境条件下孵化发育成毛蚴。毛蚴出来后在水里游动，当遇到中间宿主螺蛳时，就进入螺蛳体内，再经过胞蚴、雷蚴、尾蚴3个阶段的发育，又回到水中，成为囊蚴。囊蚴被羊吞食后羊即受到感染。

【症状及诊断】急性病例病势猛，病羊突然倒毙，体温升高，精神沉郁，食欲减退或不食，腹胀，偶有腹泻，很快出现贫血，黏膜苍白，迅速死亡；慢性病例病羊逐渐消瘦，黏膜苍白，贫血，被毛粗乱易脱落，眼睑、颌下、胸腹下出现水肿，食欲减退，便秘与腹泻交替发生，病程逐渐严重恶化。

【预防】因为肝片吸虫幼虫发育要通过中间宿主螺蛳，所以应避免羊到低洼潮湿的地方去放牧。可用硫酸铜或石灰灭螺，也可多养鸡、鸭，用鸡、鸭灭螺。每年的秋、冬季要对羊进行一次预防性驱虫。

【治疗】可用硫双二氯酚（别丁），每千克体重100mg，加水摇匀后一次灌服；也可用硝氯酚，每千克体重3~4mg，一次口服。

二 肺丝虫

本病由丝状网尾线虫寄生于羊气管和支气管内引起，可引起虫性肺炎，导致大群死亡。羔羊比成年羊易得病。

【病原】丝状网尾线虫呈线状，乳白色，成虫长30~110mm。该虫发育不需要中间宿主，雌虫在羊气管和支气管内与雄虫交配后产卵，每个卵内有一个幼虫。当羊咳嗽时可把虫卵咳到口腔内，少数虫卵随痰液咳出，多数虫卵随痰液吞进胃内，通过胃肠时，幼虫随粪便排出体外，在适宜的温度、湿度条件下发育、生长和蜕化，变成成虫。

【症状】病羊表现精神不振，频繁咳嗽且强烈，呼吸困难，消瘦，四肢水肿，最终因体弱而死亡。

【预防】加强饲养管理，增强体质。在流行区要每年春、秋季各

进行一次预防性驱虫。采用酚噻嗪，羔羊0.5g，成年羊1g，混入饲料内服，隔日喂1次，共喂3次。粪便堆积发酵以杀死幼虫和虫卵。有条件的可转移到清洁和干净的牧区。

【治疗】可用左旋咪唑，每千克体重8mg，一次口服。敌百虫每千克体重0.015g，配成10%的液体皮下注射。

三 钩虫

钩虫寄生于羊的小肠，吸取宿主的营养，引起羊贫血、消瘦和死亡。

【病原】钩虫（又称仰口线虫）虫体乳白色，吸血后呈浅红色，虫体长12~25mm，头的尖端有口，口内有齿。雌虫在小肠内通过交配产卵，卵随粪便排出体外后，在适宜的环境下孵出幼虫，幼虫经两次蜕变，成为有侵袭能力的幼虫。幼虫经口或皮肤侵入羊体内，吸附于肠壁，并用其锋利的切板和齿切，咬破肠黏膜引起出血，并被虫吸入体内，大肆夺取羊的营养。

【症状】病羊极度贫血和消瘦，下颌水肿，长期腹泻，大便带血，可引起羊大批死亡。

【防治】定期进行预防性驱虫。治疗可用四氯乙烯，按每千克体重0.1~0.2mL口服；也可用左旋咪唑、噻苯达唑和敌百虫等药物治疗。

四 捻转胃虫病

捻转胃虫病是血矛线虫寄生于羊真胃引起的疾病，严重感染时可引起羊群大批死亡。

【病原】血矛线虫是一种纤细、柔软、浅红色的线虫，虫体长10~30mm。雌虫由于白色的生殖器官和红色的肠管相互扭转形成两条似红白纱绞成的线段。雌虫在羊胃内产卵，卵随粪便排出体外，在适宜的温度、湿度条件下，经4~5天孵化发育成幼虫，羊吞食带有幼虫的草后，就会感染捻转胃虫病。

【症状】病羊贫血，消瘦，被毛粗乱，精神萎靡，放牧时离群，严重时卧地不起。常见大便秘结，干硬的粪中带有黏液，下颌水肿。一般病程数月，最后衰竭死亡。

【防治】不要在低湿草地放牧，不放“露水草”，不饮小坑死水，平时尽可能地将粪便堆积发酵。羊群要定期进行预防性驱虫。治疗可用左旋咪唑，每千克体重口服 8mg 或注射 5～6mg；也可用噻苯达唑每千克体重 50～100mg 或甲苯达唑每千克体重 10～15mg，一次性口服。用 5%～10% 精制敌百虫溶液按每千克体重 100～200mg 内服或灌肠，不仅疗效好，而且能同时驱除多种内寄生虫。

五 螨虫

该病是由疥螨和痒螨寄生在动物体表而引起的慢性寄生性皮肤病，具有高度传染性，往往在短期内引起羊群严重感染，危害十分严重。

【病原】疥螨和痒螨。螨能在皮肤上不断穿孔，造成无数条暗沟，靠吸食皮肤细胞的汁液和淋巴液生活。螨在暗沟内排卵繁殖，从卵、幼虫、若虫到成虫仅需 2～3 周时间。

【症状】病羊主要表现为剧痒、皮肤增厚、脱毛和消瘦。病变开始主要发生于嘴唇、鼻子和耳根部，也有开始于腋下、乳房、阴囊及四肢弯曲面无毛或稀毛部的皮肤，严重时可波及全身。病初剧痒，皮肤充血、肥厚，继而发生丘疹、水疱和脓疱，以后形成痂皮。严重病例羊，体质消瘦，行走困难，食欲废绝，卧地不起，最后死亡。

【预防】羊舍保持清洁干燥，并定期消毒，杀灭周围环境中的螨。每年夏季对羊进行药浴，既治疗又预防。

【治疗】治疗前需剪去患部羊毛，用肥皂水洗去痂皮和污物，用水洗净后再涂药。注射和口服伊维菌素，剂量按每千克体重 50～100μg；涂药治疗，适于病羊数量少、患部面积小的情况，每次涂药面积不得超过体表的 1/3，选用药物有敌百虫、螨净等；药浴：适用于病羊较多但气候温暖的季节，可选用 0.5%～1% 敌百虫溶液，或用 0.05% 蝇毒磷乳剂水溶液或 0.05% 辛硫磷乳油水溶液进行药浴。药浴可在药浴池或桶内进行，药浴前让羊饮足水，以免药浴时误饮药液而中毒。

六 绦虫

绦虫病主要是由莫尼茨绦虫寄生在羊的小肠内引起发病，不仅

引起羔羊生长发育，甚至引起死亡。

【病原】莫尼茨绦虫虫体呈带状，很像煮熟后的宽面条，虫长1~6m。虫体前端一般为乳白色，后端为浅黄色。虫体由许多节片连成，头节很小，上面有4个吸盘。头节后面是颈节，能不断增生节片，使虫体增长。莫尼茨绦虫的发育需要中间宿主地螨（外形与蜘蛛相似）参与。寄生在羊小肠内的成虫，其孕卵节片成熟脱落后随粪便排出。节片中含有大量虫卵，它们被螨吞食后，就在螨体内孵化发育成似囊尾蚴，当羊吃了带有螨的草后，就会被感染而发生绦虫病。

【症状】感染绦虫病的羊，食欲减退，饮水增多，出现腹泻、贫血和水肿，很快消瘦，羊毛粗乱无光。有时病羊出现转圈、肌肉痉挛或头向后仰等神经症状。后期，病羊仰头倒地，经常做咀嚼运动，口周围有泡沫，对外界反应几乎丧失，直至全身衰竭而死。

【防治】预防以药物驱虫为主，一般在舍饲至放牧前对全羊群进行一次驱虫。治疗可用1%硫酸铜溶液，按每千克体重2mL的剂量灌服，硫酸铜溶液要现配现用，不能用金属器具盛装药液；也可用硫氯酚，每千克体重100mg，加水溶解后灌服；或用驱绦灵（氯硝柳氨）每千克体重50~75mg口服，效果都较好。伊维菌素按每千克体重0.2mg，一次肌内注射，隔日重复注射一次。

七 羊鼻蝇蛆

羊鼻蝇蛆是羊鼻蝇的幼虫寄生于羊的鼻腔和鼻旁窦内引起的炎症。

【病原】羊鼻蝇蛆。羊鼻蝇比苍蝇略大，出现在夏秋季节，午后炎热时最为活跃。雌蝇在飞翔时突然冲向羊鼻，将幼虫产在羊鼻孔内或鼻孔周围，然后又迅速飞走。幼虫近似一般蛆虫，最初个体很小呈浅白色，以后变为黄褐色。刚产下的幼虫活动能力很强，能迅速爬入鼻腔并向深部爬移，进入鼻旁窦、额窦和颅腔内，生长蜕变，成熟后又移向鼻孔，在羊打喷嚏时被喷出来，落地后钻进土壤内化为蛹，经1~2个月孵化成羊鼻蝇。

【症状】病羊表现摇头不安，打喷嚏，有时可喷出虫体，流浆性或脓性鼻液，严重时可因虫体堵塞鼻腔而引起呼吸困难。如果幼虫进入颅腔，压迫脑部，可发生神经症状。

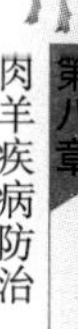

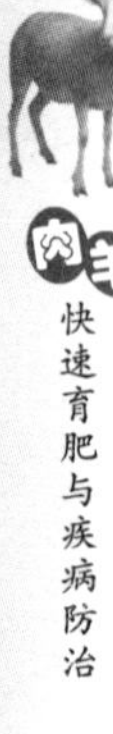

【治疗】可用2%敌百虫溶液鼻腔喷雾或冲洗鼻腔；皮下注射阿维菌素，每千克体重0.2mg。

八 羊脑多头蚴

羊脑多头蚴病是由寄生于犬、狼肠道的带科多头绦虫的幼虫——多头蚴，寄生于羊的脑部所引起的一种绦虫病，俗称脑包虫病。因能引起明显的转圈运动，故也称转圈病。

【病原】脑多头蚴病的病原体是多头绦虫，成虫在终末宿主犬、狼、狐狸的小肠内寄生。幼虫在牛、羊和骆驼等偶蹄类的脑内，有时也能在延髓或脊髓内发现，是严重危害羊的寄生虫病，常呈地方性流行。

【生活史】寄生在终末宿主体内发育为成虫，其孕卵节片脱落后随宿主粪便排出体外，节片虫卵散布在牧场、羊舍、饲料、饮水中，被羊（中间宿主）吞食而进入胃肠道；虫卵在小肠内孵化成六钩蚴，经肠内消化作用，六钩蚴脱壳逸出，借小钩吸附于肠黏膜上，然后穿入肠壁静脉而随血流进入门脉系统，随血流到肺及肝脏中发育成包虫囊。由于颈动脉较粗，多头蚴常随血流至颅内，特别是在大脑动脉中分布。其中以大脑顶叶、额叶为最多，小脑、脑室与颅底较少。囊包为微白色半透明包膜，充满无色透明囊液，外观与脑脊液相似，容积50~200mL不等。犬、狼、狐狸等肉食兽吞食了含有多头蚴的羊脑组织，多头蚴在终末宿主的消化道中经消化液的作用，囊壁溶解，原头蚴附着在小肠壁上逐渐发育，经过41~73天成熟，孕卵节片随粪便排出体外，多头蚴上的每个原头蚴均可发育成一条绦虫。多头绦虫在终末宿主的小肠内可存活数年，任何季节都可以向外散布病原。

【症状】前期症状为急性型，后期症状为慢性型。前期症状不明显，后期当多头蚴发育到一定体积而压迫脑组织引起脑部组织局部萎缩，形成囊腔、颅内压增高时才呈现一系列神经症状。主要临床症状是向寄生侧脑做转圈运动，视力降低，甚至消失。精神不振，食欲减退，体温、脉搏及呼吸无异常。

【诊断】转圈运动是判定羊多头蚴病的主要依据。病程较长的病羊，在两犄角之间，用大拇指用力压迫，可感知头骨变软，局部发青，略有突出。

【防治】防止犬粪污染饲草及饮水，病羊尸体应深埋或焚烧，切勿随意弃置。对感染多头绦虫的犬应治疗或捕杀。已感染多头蚴的病羊可进行手术摘除，或将阿苯达唑用生理盐水溶解，直接注射于病羊脑内。

第三节 羊常见营养代谢病防治

一 黄脂肪病

黄脂肪病主要发生在舍饲育肥羊，是由于采食过量的不饱和脂肪酸甘油酯，同时维生素 E 喂量不足引起体内脂肪代谢紊乱致使脂肪变为黄色的营养代谢病。

【病因】饲料场生产的 30% 浓缩饲料中劣质不饱和脂肪酸添加过量，维生素 E 不足，铜、铁添加过量；生产车间高温、高湿致使饲料中的不饱和脂肪酸发生酸败；育肥期间不饲喂粗饲料，全程饲喂高精饲料；育肥时间过长，营养物质供给不平衡等原因引起。

【症状】多见于育肥羔羊，食欲好的羊更易发病。一般在育肥 70 天左右开始出现临床症状。表现为被毛蓬松、缺乏光泽，不爱活动、乏力、发呆，不吃草料，头抵水槽，反刍减少，粪便黏稠。体温正常，脉搏 100 ~ 120 次/min，呼吸 40 ~ 60 次/min。口腔、眼黏膜，肛门、阴门、腹下皮肤发黄，阴道黏膜苍白。部分病羊后肢麻痹，站立不稳，共济失调，治疗无效，最后昏迷而死。

【病理变化】屠宰时发现血液黏稠、发黑，凝固不良；体脂呈柠檬黄色，骨骼肌和心肌呈灰白变脆，松软不坚实，个别有异常腥味；肝脏呈黄褐色，轻度肿大，质脆；肾脏发黑，质软易碎，切面多汁，皮质部呈紫黑色，髓质呈黄色；淋巴结水肿，有出血点，胃肠黏膜充血。胆囊肿大，胆汁浓缩；肺脏呈土黄色；膀胱内尿液呈黑紫色或黄色，腹水呈黄色。

本病主要特征是脂肪组织明显发炎，发生广泛的纤维化；肝脏细胞、肾脏细胞、心脏细胞大量颗粒变性，脂肪变性及坏死等。

【诊断】多数病羊不表现明显的临床症状，极少数表现食欲减退，发呆，可视黏膜黄染。血常规检查，红细胞总数增多，血红蛋白水平降低；白细胞总数降低，嗜中性粒细胞增多。该病多数是在屠宰时才发现。

【鉴别诊断】本病要与黄疸病进行鉴别诊断。

黄脂肪病临床可见脂肪组织橙黄色，其他组织颜色正常。

黄疸病主要是由于胆红素生成过多或排出障碍，以致血中胆红素浓度增高，引起全身组织器官黄染，尤以关节囊滑液、组织液和皮肤发黄为甚。

检疫判定：宰前检疫一般只能发现黄脂肪病和黄疸病的共同特征，可视黏膜、口腔黏膜和舌苔，一般都有黄染现象。

宰后检疫：黄脂肪病可见皮下及肾脏周围脂肪组织呈典型的柠檬黄色，肝脏呈土黄色，肌间脂肪着色程度较浅，其他组织均没有黄染现象，黄脂具有鱼腥臭味，多数情况下随放置时间的延长黄色逐渐减退。若黄脂肉除了脂肪组织黄染外，皮肤、黏膜、结膜、关节滑液、腹水、组织液、血管壁、肌腱等都有不同程度的黄染现象，同时脂肪松软不坚实、伴有异常腥味、外观差，且放置时间愈长黄色愈加深，具有这种特征的黄脂认定为黄疸肉。

【预防】本病治疗无效，重点做好预防。

(1) 提高饲料品质 减少饲料中含过多不饱和脂肪酸的高油脂成分，不添加劣质油脂，添加足够量维生素A、维生素B_{12}、胆碱、蛋氨酸。预混料载体用脱脂油糠；增加维生素E、硒和抗氧化剂的用量，每日添加维生素E 800～1000mg；减少鱼粉的用量或使用脱脂鱼粉；控制米糠和小麦麸的质量。

(2) 加强饲料生产中品质控制 保持生产线良好的通风系统，定期监测常用原料中脂肪酸的氧化程度，特别是用量大、脂肪含量高的原料，杜绝使用氧化酸败的原料；严格饲料添加剂配方和生产工艺，如高铜的配方可使饲料中的油脂氧化酸败导致黄脂，加大了维生素E的需要量，尤其在湿热的条件下更是如此。调制颗粒时在高温、高湿、高铜的参与下，制成的颗粒料饲喂，黄脂病发生更为明显。

(3) 加强育肥饲养管理 养殖户在育肥中，要按照产品说明书严格饲喂和管理。严格按照饲料厂提供的日粮配方配制日粮，不要随意改变日粮配方。一般建议为：70%玉米+30%育肥羊浓缩料+粗饲料，做到育肥整个过程中玉米与浓缩料之比保持在7∶3，不能随意增加玉米喂量而减少浓缩料喂量，导致日粮中蛋白质、矿物质、维生素不足，或供给不平衡；育肥期间始终要饲喂粗饲料，确保瘤胃发挥功能；在育肥后期应尽量少喂米糠、玉米、豆饼、胡麻饼等含不饱和脂肪酸高的饲料；发霉玉米含有大量霉菌毒素坚决不喂；使用陈玉米时，要测定脂肪酸价，同时可以添加抗氧化剂和霉菌毒素吸附剂霉可吸；不能添加任何动物油和泔水渣；可以添加胆碱及复合维生素促进肝脏代谢。

二 尿结石

尿结石是指在羊的肾盂、输尿管、尿道内生成或存留的，以碳酸钙、磷酸盐为主的盐类结晶所引起的泌尿器官发生炎症和阻塞，使羊排尿困难的疾病。该病以尿道结石多见，而肾盂结石、膀胱结石较少见，公羊多发。

【病因】**（1）营养因素** 日粮不平衡，长期饲喂高蛋白、高热能、钙磷比例失调日粮是主要致病因素。

一般来说，钙、磷的比例应维持在2∶1，不低于1∶1。而谷物的钙、磷比例为1∶(4~6)，因而，在日粮谷物比例高的情况下就会导致大量的磷过多地进入到尿中。

育肥过程中，饲喂含磷较高的棉籽饼极易发生尿结石。羊的唾液含有丰富的磷，当饲喂大量粗饲料就能促进唾液的大量分泌，使体内较多的磷随唾液进入消化道排出体外。当强度育肥时，饲喂大量的精饲料而粗饲料严重缺乏时，羊反刍减少，唾液量分泌就减少，这样，更多的磷未能随唾液进入消化道，只能从尿中排出，容易导致磷酸盐结石产生。同时，酸中毒，影响营养物质的消化和吸收，加速了尿结石形成。

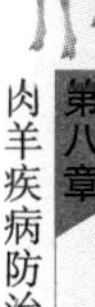

在长势好的三叶草牧地放牧的绵羊易出现碳酸钙和草酸钙尿结石，这是因为这种牧草含有较高的钙，但磷的含量较低，而草酸含量却高。草酸与钙的结合就生成不易吸收的钙，并使尿呈碱性，导致尿结石。有些以采食紫花苜蓿为主的羊也会出现尿结石。大量采食甜菜的上部也易形成草酸钙结石。

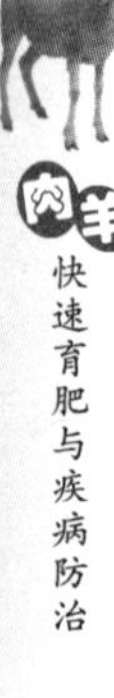

黏蛋白是形成结石的母体（前体），尿中黏蛋白浓度增加，也会形成尿结石。

饲粮中的雌激素物质，生长促进剂（己烯雌酚或含有雌激素成分的豆科植物）过多蛋白质，会增加尿中的黏蛋白浓度，加速尿结石形成。

黏多糖通常也与结石的形成有关。饲喂棉籽饼、高粱等饲料，会导致黏多糖的增加。

维生素 A 缺乏会导致膀胱上皮细胞脱落，增加结石形成的概率。

（2）饮水量 当饮水量不足时，尿的浓度增高，尿液中矿物质处于超饱和状态（脱水是各种结石发展的关键因素），是发生尿结石的危险因素。

（3）去势过早 由于羊尿道的长度和直径的原因，公羊尿结石更多。去势过早导致有关性激素缺乏，影响到阴茎和尿道的发育，尿道直径小，容易出现结石阻塞。

（4）每天饲喂次数太少 每天饲喂 1～2 次，会引起饲喂后抗利尿激素的释放，使尿的排出暂时性减少，从而增加尿的浓度，存在形成结石的风险。因此，为了预防尿结石要采取自由采食。

（5）遗传性 结石的发生也有遗传性因素。易患病体质个体也可能发生尿结石。

【发病机理】在育肥过程中，饲喂过量的阳离子，而阴离子不足，会改变尿液中的 pH 和离子浓度，导致尿道碳酸钙和草酸钙结晶出来，形成尿结石（图 8-2）。

【症状】尿结石形成于肾和膀胱，但阻塞常发生于尿道。膀胱结石在不影响排尿时，不显示症状，尿道结石多发生在公羊龟头部和“S”状弯曲部。如果结石不完全阻塞尿道，则可见排尿时间延长，尿频，尿量减少，呈断续或滴状流出，有时有尿排出；如果结石完全阻塞尿道，则仅见排尿动作而不见尿液的排出，出现腹痛，厌食，尿频，滴尿，后肢屈曲叉开，拱背卷腹，频频举尾，尿道外触诊疼痛。如果结石在龟头部阻塞，可在局部摸到硬结物，膀胱高度膨大、紧张，尿液充盈，若不及时治疗，闭尿时间过长，则可导致膀胱破裂或引起尿毒症而死亡。

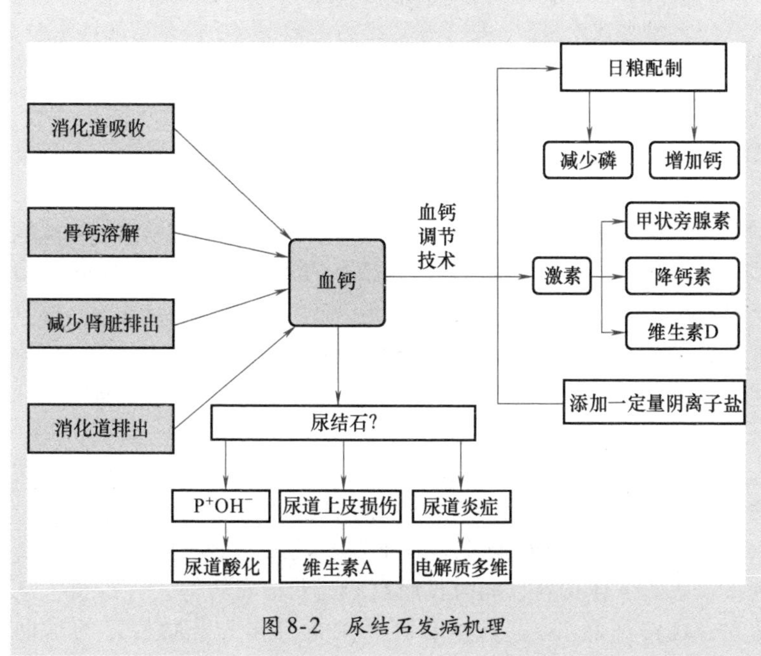

图 8-2　尿结石发病机理

【诊断】育肥羊在育肥 40 天左右，出现尿频、无尿或尿血、尿道口皮下肿大、腹围增大、腹痛等现象，取尿液于显微镜下观察，可见有脓细胞、肾上皮组织或血液即可确诊。

【预防】在平时的饲养当中，不能长期饲喂高蛋白、高热能、高磷的精饲料，多喂富含维生素 A 的饲料；平时多喂多汁饲料和充足饮水，发病严重地区可以考虑尽可能少添加钙磷添加剂。

（1）调节钙、磷比例　饲料中钙、磷比例要达到 2∶1，镁的含量少于 0.2%，这可降低磷和镁在肠道的吸收，从而使更多的磷、镁随粪排出，而不是随尿排出体外。

舍饲育肥羊饲喂以谷物为主的饲料时，要适量添加钙，以氯化钙、氧化钙为好，较少或不使用磷酸二氢钙。

为了预防钙结石的生成，公羊应主要喂给禾本科干草，同时，不能喂给大量的谷物，多使用长茎饲草以增加唾液的分泌，使更多的磷随粪便排出。

采取多次添加日粮的方法，自由采食。

（2）增加饮水量 预防羊尿道结石的最重要手段是增加饮水量。饮水保证清洁卫生；夏季饮凉水、冬季饮温水；多设饮水点并经常更换饮水；增加盐的喂量，建议盐的用量为日采食干物质量的3%~5%混合到饲料中，也可自由舔食，但不应加入水中，以免影响口感或发生食盐中毒。

（3）调整尿液pH 食草动物的尿偏碱性，不利于磷酸钙和碳酸钙结石的溶解，使用酸化剂对防止结石的发生是有益的。氯化铵的作用是降低尿的pH，其添加量为干物质的1%或日粮的0.5%，或每千克体重40mg。对于体重30kg的羔羊可每只每天给予7~10g。添加食糖可促使羊饮水或掩盖氯化铵气味，但不能使用糖蜜，糖蜜含钾量高，会降低氯化铵的效果。氯化铵不宜长期饲喂。

除此之外，尽量避免在羔羊3月龄前进行去势，首选自由采食的饲喂方式，增加饲料中维生素A添加量。

【治疗】**（1）药物治疗** 对于发现及时、症状较轻的，饲喂大量饮水和液体饲料，同时投服利尿药及消炎药物（青霉素、链霉素、乌洛托品等）。有时膀胱穿刺也可作为药物治疗的辅助疗法。

（2）手术治疗 对于药物治疗效果不明显或完全阻塞尿道的羊只，可进行手术治疗。限制饮水，对膨大的膀胱进行穿刺，排出尿液，同时肌内注射阿托品5~10mg，使尿道肌松弛，减轻疼痛，然后在相应的结石位置采用手术疗法，切开尿道取出结石，切口开放，形成新的尿道口。术后注射利尿药及抗菌消炎药物。

三 异嗜癖

异嗜癖是指由于环境、营养、内分泌和遗传、饥饿等因素引起的舔食、啃咬异物为特征的一种顽固性味觉错乱的新陈代谢障碍性疾病。

【病因】本病的发病原因多种。一般认为由于营养供给不平衡，长期饥饿，寄生虫病，还有某些疾病等因素引起。

营养供给不平衡：主要见于饲料单一和舍饲羊长期不饲喂预混料造成常量元素钠、钾、氯、钙、磷、镁、硫等元素缺乏和微量元

素铜、铁、锌、钴、锰、碘等元素不足，还有维生素 A、维生素 D、维生素 E 不足，特别是钠盐的不足。育肥羊长期饲喂精饲料，粗饲料不足，可引起体内碱的消耗过多。某些维生素的缺乏，特别是 B 族维生素的缺乏，可导致体内的代谢机能紊乱，诱发异嗜癖。

长期饥饿：羔羊出生后初乳不足或母羊缺乳。羊只长途贩运、异地转运，都会造成羔羊严重的饥饿。

寄生虫病：胃肠道有蛔虫、线虫、绦虫等肠道寄生虫均会引起消化道机能紊乱型异嗜癖。

患有佝偻病、软骨病、慢性消化不良、前胃疾病等可成为异嗜癖的诱发因素，虽然这些疾病本身不可能引起异嗜癖，但可产生应激作用，加重异嗜癖症状。

【症状及诊断】乱吃杂物，如粪尿、污水、垫草、墙壁、饲槽、墙土、新垫土、砖瓦块、煤渣、破布、围栏、产后胎衣等。病羊消化不良，在发病初期多便秘，其后腹泻便秘交替出现，逐渐消瘦、贫血、脱毛。妊娠母羊可在妊娠的不同阶段发生流产。

【预防】必须在病因学诊断的基础上，有的放矢地改善饲养管理。

根据羊的营养需要喂给全价配合饲料，或者补充预混料。当发现异嗜癖时，适当增加矿物质和微量元素的添加量，喂料要定时、定量、定饲养员，不喂冰冻和霉败的饲料。在饲喂青贮饲料的同时，加喂一些青干草。同时根据羊场的环境，合理安排羊群密度，搞好环境卫生。

选用优质饲料原料，如果日粮以玉米、豆粕为主，必须注意添加蛋氨酸以平衡氨基酸。适量添加食用盐，最好选用矿物质微量元素盐。还可添加调味、消食剂，如大蒜、白糖来改善羊的异嗜癖。

对寄生虫病进行流行病学调查，定期驱虫，一般要求每年春、秋季各驱虫一次，育肥羊进圈后分批次进行 2 次驱虫，以防寄生虫病诱发的异嗜癖。

【治疗】针对发病原因对症治疗。继发性疾病应从治疗原发病入手，最终根除异嗜癖。

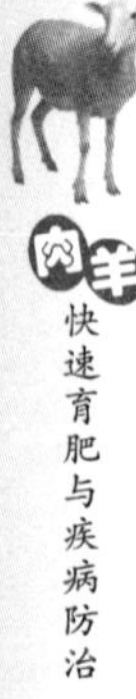

羊缺乏钙可补充磷酸氢钙，并注射一些促钙吸收的药物，如1%维生素 D_5 5mL，也可内服鱼肝油10～30mL；另外，保证日粮钙、磷比例（1.5～2）∶1。

缺硒，可以肌内注射亚硒酸钠维生素E溶液，成年羊10mL、羔羊2mL，肌内注射。

缺铜，每只羊口服硫酸铜0.1～0.3g，或在日粮中添加铜，使硫酸铜的水平达到25～30μg/g，连喂2周。

缺锰，每只羊口服硫酸锰0.5g，或每吨饲料中添加硫酸锰200g。

缺钴，可内服氯化钴0.005～0.04g，或通过瘤胃投服钴丸或硒、铜、钴微量元素缓解丸。

B族维生素、维生素D、维生素A缺乏时，调整日粮组成，供给富含B族维生素、维生素D、维生素A的饲草料，如夏季增喂青绿饲料，冬季提供优质干草和矿物性饲料，增加室外运动及阳光照射时间，或补给鱼肝油20～60mL。

胃肠道机能紊乱，每只羊可用酵母片10片、大黄末10g、龙胆末10g、麦芽粉10g、石膏粉10g、滑石粉10g、多糖钙片10片、复合维生素B 10片、人工盐20g，混合拌料饲喂。连用5天。也可以每只羊每天日粮中添加益康XP 10g，连续饲喂2周。

中兽医辨证施治，调理脾胃。

处方1：枳壳25g、菖蒲25g、炙半夏20g、当归25g、泽泻25g、肉桂25g、炒白术25g、升麻25g、甘草15g、赤石脂25g、生姜30g，共研细末，分给30只羊口服。

处方2：神曲60g、麦芽45g、山楂45g、厚朴30g、枳壳30g、陈皮30g、青皮20g、苍术30g、甘草15g，共研细末，分给30只羊口服。

四 羔羊白肌病

白肌病是羔羊以骨骼肌、心肌纤维以及肝脏发生变性、坏死为特征的疾病。病变部位肌肉色浅、苍白，又称肌营养不良。该病在30日龄的羔羊中发病率高，死亡率也高，常呈地方性流行。

【病因】日粮硒含量不足。羊对硒的要求是0.1～0.2mg/kg饲

料，低于 0.05mg/kg，就可出现硒缺乏症。而土壤硒含量低于 0.5mg/kg 时，该土壤上种植的植物含硒量便不能满足机体的要求。

维生素 E 不足也易诱发硒缺乏症的发生。

【症状】急性型：羔羊往往不表现任何症状突然死亡，剖检可见心肌营养不良。多数病羊主要表现兴奋不安，心动过速，不愿起立，卧地，能起立者，四肢僵硬，站立不稳，运步强拘，躯体摇摆，腰背拱起。重者可见肌颤，共济失调。心跳 80 次/min，呼吸 50 次/min，结膜炎，角膜浑浊、软化。最后卧地不起，心衰，肺水肿，死亡。

慢性型：生长发育停滞，运动障碍，并发顽固性腹泻，贫血，可视黏膜苍白，胸膜下水肿等。

【病理变化】主要是骨骼肌变性、色浅，似煮肉样，呈灰黄色条状、片状等。心扩张、心肌内外膜有黄白、灰白与肌纤维方向一致的条纹状斑。

【诊断】本病诊断可结合缺硒历史，临床特征，饲料、组织硒含量分析，病理剖检，血液有关酶学以及应用硒制剂取得良好效果做出诊断。

【治疗】治疗缺硒症，可用 0.1% 亚硒酸钠皮下或肌内注射，羔羊 5mL，一天一次，连续注射 3 次，7～14 天重复注射一次。同时肌内注射维生素 A、D、E 2mL，连续 2 次。

【预防】缺硒地区羊，日粮中定期补充亚硒酸钠粉，对妊娠母羊补充适当的精饲料和预混料。

五 铜缺乏症

羊铜缺乏症又称摇摆病，是由于铜缺乏引起的，临床上以贫血、腹泻、运动失调、走路摇摆及被毛褪色和繁殖障碍为特征。

【病因】铜的生理功能主要是构成许多酶的活性成分（如细胞色素 C、酪氨酸酶、超氧化物歧化酶等），参与造血机能，蛋白质的交联等。

原发性缺铜主要是由于饲料或牧草中铜含量不足所致的。牧草干物质含铜低于 3mg/kg 就可以引起铜缺乏。3～5mg/kg 为临界值。10mg/kg 以上可以满足羊生长需要。

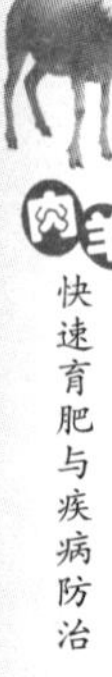

牧草饲料铜不足的原因有两种：其一是土壤中铜不足，多见于沙质土、泥浆土，土壤含铜量低于6~15mg/kg；其二是土壤中钼含量过高，拮抗铜，引起铜缺乏症。

继发性原因属于饲料内拮抗铜的某些元素含量过高，最明显的是牧草高钼，一般认为牧草钼含量在3mg/kg以下是安全的。羊饲料中铜、钼比应为（6~10）∶1，若降至2∶1就会出现钼中毒，发生铜缺乏。此外锌、锰、硫、硼含量过高，均对铜有拮抗作用。

【症状】成年羊缺铜除表现营养不良，被毛褪色外，还可表现出癫痫症状，不断哞叫，做圆圈运动，重者肌肉震颤，很快死亡。羔羊表现为生长发育缓慢，关节变形，运动障碍，持续腹泻，排黄绿色乃至黑色水便（称“泥炭泻”）。

贫血是不同羊原发性铜缺乏症的共性，血红蛋白可下降至50~80g/L，红细胞下降至2.00×10^{12}~4.00×10^{12}个/L。

骨质矿化不良，骨骼变形，关节畸形。临床上出现四肢僵硬，关节肿大等。

被毛褪色、角质化生成受损是羊的又一特点。

缺铜可使羊心力衰竭，羊心肌纤维变性，心衰突然倒地，瞬间死亡。

缺铜也可引起羊暂时生殖力下降，如发情迟、流产等。

【诊断】根据病史、临床主要症状，如贫血、运动障碍、骨质异常、被毛褪色等，可以初步诊断，确诊需要测定土壤、饲料、肝组织中铜的含量。

【治疗】0.01%硫酸铜20mL，一次灌服。

【预防】饲料中铜的需要量，羊5~10mg/kg。硫酸铜有一定毒性，量大可引起中毒。

六 母羊瘫痪

母羊瘫痪是母羊妊娠后期或产后卧地不能起立为特征的疾病。

【病因】妊娠多羔和营养供给不足，产后低血钙是主要原因。

母羊妊娠多羔常常在妊娠中期或末期发生瘫痪，主要原因是营养不良，缺乏蛋白质、维生素、矿物质，常在临产前20天左右瘫痪并继发妊娠毒血症。

产后低血钙主要原因是妊娠第 3 个月，母羊矿物质、微量元素供给不足。

【症状】病初精神不振，食欲减退，消瘦，被毛粗乱，随后站立不稳，倒地不起。开始前躯尚能活动，能采食部分饲料，但随着病情发展，后躯出现麻痹，头颈高举向后弯曲，四肢划动做游泳状，全身痉挛。病羊如果能在瘫痪初期安全产羔，一般能够恢复；如果在病后期产羔或不能产羔，则大部分死亡。

【防治】妊娠后期增加足够的营养物质是最重要的措施，特别是钙磷等矿物质及维生素。瘫痪羊，静脉注射 10% 葡萄糖酸钙 200mL，25% 葡萄糖 200mL + 氢化可的松 20mL，25% 葡萄糖 200mL + 25% 硫酸镁 30mL，0.9% 生理盐水 200mL + 10% 氯化钾 10mL，静脉注射，一天 1 次，连续 4 天。同时皮下注射维生素 B_1 6mL，维生素 ADE 10mL，肌内注射亚硒酸钠-维生素 E 10mL 一次。

七 营养衰竭症

营养衰竭症是由于饲料短缺和日粮中营养物质缺乏，或同时机体能量消耗增加，导致羊体质下降和消瘦，全身代谢水平下降，所引起的一种营养不良综合征。临床表现为进行性消瘦和贫血，各器官机能降低，全身衰竭等。

【病因】多数是由于遇到急剧的自然天气，如大雪、干旱；饲料不足、质量不佳；母羊哺乳期营养供给不足；患寄生虫病、慢性消化道疾病，以及年老体衰和幼年发育不良，可引起本病。

当长期营养供给不足时，引起组织中糖及脂肪的消耗，待糖及脂肪耗尽以后，则进而对机体组织蛋白质进行分解，以补偿机体能量的需要，从而动摇了机体的代谢基础。

由于组织中脂肪及蛋白质的大量分解，一方面使内脏器官中蛋白质大量丧失，从而严重地影响内脏器官的功能，使机体的氧化还原过程、吸收过程、酶的合成和蛋白质的更新，肝、肾等重要器官的机能逐渐降低，肌肉、胰腺及胃肠黏膜等萎缩，神经营养障碍。

严重的营养不良，可引起胃肠道形态及功能的紊乱，反过来又

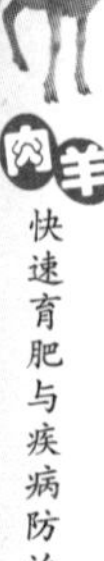

导致各种营养物质的缺乏，且易发生反复感染；另外，分解不全产物大量产生并蓄积于体内，致使自体中毒。在内外不良因素的影响下，病羊逐渐消瘦、疲乏无力、委顿、贫血等，若病情继续恶化，最终因严重衰竭而死亡。

【症状】病羊出现进行性消瘦和贫血，虚弱无力，容易疲劳，全身肌肉萎缩，脊柱、肋骨、肩胛骨和荐骨显露，被毛粗乱干枯，皮肤多屑，皮肤弹力降低，精神不振，喜卧厌站，可视黏膜苍白，少数浅红色或发暗。心跳减弱，脉搏微弱。虽能进食，但咀嚼无力，胃肠运动减弱，呼吸无力，体温多稍低于正常。有的病羊虽卧地不起，但仍能进食。血液稀薄，红细胞减少为200万~400万/mm^3，血红蛋白降至21%~40%，血糖降低，血浆蛋白减少，尤以白蛋白显著。颌下、胸腹下部及四肢下部等处可发生水肿。

【诊断】主要依据极度消瘦，久卧不起等症状进行诊断。但应注意对原发性病因进行诊断，如慢性传染病、寄生虫病等。

【治疗】本病治疗原则是迅速静脉补充水和电解质，增加血容量，改善血浆内胶体渗透压，补充能量，促进机体同化作用，加强营养，改善管理。

处方1：50%葡萄糖30mL+葡萄糖酸钙200mL+复方氯化钠500mL+氢化可的松30mL+维生素C 30mL，一次静脉注射，一天一次，连续4天。

处方2：酵母片20片、大黄苏打片15片、大黄酊20mL、陈皮酊20mL、香油50mL、加水500mL，一次灌服，一天一次，连续3天。

八 镁缺乏症

镁缺乏症又称青草搐搦低镁血性搐搦和低镁血症等。本病是由于羊长期采食缺镁牧草等多种原因引起血液中镁含量减少所引起的一种微量元素代谢病，临床上以呈现兴奋、痉挛等神经症状为特征。

【病因】土壤中镁缺乏和钾过多，由于钾和镁离子的拮抗作用而阻碍植物对镁吸收，结果生长出缺镁或镁含量过少的饲草饲料，这是低镁血症发生的主要原因。

发病季节与天气因素有关，本病在低温（8~15℃）、多雨的初

春和秋季，尤其在早春牧草生长繁茂期，放牧开始2~3周内发病较多。

【症状】本病的前驱症状是在发病前1~2天呈现食欲不振、精神不安、兴奋等类似发情表现。有的精神沉郁，呆立，步态强拘，后躯摇晃等。

急性型：在正常采食中突然抬头咩叫，盲目乱走，随后倒地，发生间歇性肌肉痉挛，在历时2~3h的反复发作过程中，导致呼吸中枢衰竭而死亡。

亚急性型：精神沉郁，步态踉跄。随之呈现感觉过敏、不安和兴奋，全身肌肉震颤、搐搦，眼瞬膜露出，牙关紧闭或磨牙（空咽），耳、尾和四肢肌肉强直，以及全身呈现间歇性和强直性痉挛发作而倒地站不起来。

慢性型：多发生于哺乳期，病羊头颈、腹部和四肢肌肉震颤，或强直性痉挛，不能站立，呈角弓反张。体温在38.3~39.4℃。可视黏膜发绀，呼吸困难，心音浑浊、不清，节律不齐，口角流出泡沫状液体，排水样稀便，频尿等。多以死亡告终。

【病理变化】通常个别病羊只见皮下和肌肉组织有不同程度的出血。痉挛发作致死的病羊，其心内、心外膜和大血管、肠黏膜等均有出血。放牧羊发病致死的可见全身性、弥漫性出血。同时肝、肾脂肪变性，坏死，骨骼肌细胞肿胀，心肌、血管也见有变性变化。

【诊断】实验室检测：（1）血液检验：血镁含量由正常的1.8~3.2mg/100mL减至0.40~0.9mg/100mL，血钙含量也由正常的9~12mg/100mL减至7mg/100mL以下。（2）尿液检验：尿液浅黄、透明，比重1.008~1.015或更低，尿蛋白呈阳性，尿镁含量明显减少。而尿糖、尿酮体、尿潜血、尿胆红素和尿胆素等项检验均呈阴性。（3）瘤胃液检验：瘤胃液pH升高，氨含量高达23~54.3mg/100mL。

【预防】加强饲养管理，检测饲草（料）的镁、钾含量，缺镁要添加镁制剂。

【治疗】20%硫酸镁20mL+糖盐水500mL，一次静脉注射，连续3天。或钙磷镁注射液200mL一次静脉注射。

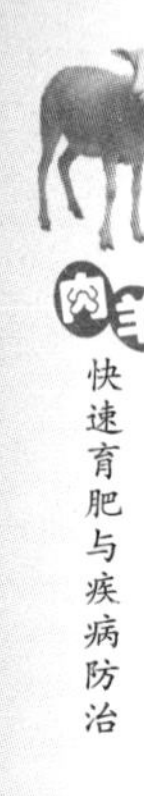

九 维生素A缺乏症

维生素按其溶解性分为两大类，即脂溶性维生素（维生素A、维生素D、维生素E、维生素K）和水溶性维生素（B族维生素与维生素C）。

维生素A缺乏症是体内维生素A或胡萝卜素缺乏，或不足所引起的一种营养代谢疾病。以生长缓慢、视觉异常、骨形成缺陷、繁殖障碍，以及机体免疫机能低下为主要临床症状。

【病因】

（1）饲料中缺乏维生素A 植物中的维生素A主要以维生素A原（即胡萝卜素）的形式存在。青干草、胡萝卜、黄玉米等富含维生素A，而棉籽、亚麻籽、萝卜、干豆、马铃薯、甜菜根、米糠、麸皮等则缺乏，甚至几乎不含维生素A。

（2）饲料储存不当 牧草饲料在高温、潮湿环境中储存，或被日光曝晒，或酸败、氧化等均可使维生素A及维生素A原受到破坏。

（3）机体的胃肠、肝脏功能不全 如腹泻、瘤胃角化不全或角化过度，均可使维生素A吸收减少；肝脏功能不全，使维生素A储存代谢受到影响。

维生素A缺乏主要影响羊的视觉功能、骨骼生长、上皮组织的维持，严重时影响胎儿的正常生长与发育。

维生素A是视色素的组成成分。

维生素A缺乏影响骨质发育，特别是影响到颅骨发育时，可导致脑扭转、脑疝、脑脊液压力升高、视盘水肿、共济失调等。

维生素A缺乏可导致所有上皮细胞萎缩，尤以既有分泌功能又有覆盖功能的上皮组织更为突出。

母羊长期缺乏维生素A，对胎儿影响极大，可导致胎儿先天缺损、死胎等。

【症状】病初呈夜盲症，以后继发干眼病，甚至失明。皮肤发炎，背尾部形成干性糠疹，蹄角质生长不良，有破裂或凹沟。由于脑脊髓液压力增高，羔羊早期表现为惊厥症状，痉挛、瘫痪、共济失调等中枢神经损害症状。成年母羊发情紊乱，受胎率下降，产后多发胎衣不下，公羊精液品质下降等。

【防治】注意保持日粮的全价性，尤其是要不断添加足够的维生素 A 和胡萝卜素。饲料不宜储存过久，以免胡萝卜素破坏而降低维生素 A 的效价。维生素 A 在油脂中易氧化，故饲料中维生素 A 随时间推移活性不断下降。添加维生素 A 最好现加现喂，对北方地区的羊，应尽量在冬、春季补给胡萝卜以补充维生素 A。

十 维生素 D 缺乏症

佝偻病是羔羊在生长过程中，由于维生素 D 缺乏以及钙、磷代谢障碍，致使骨组织钙化不全的骨营养不良。临床表现为异嗜癖、消化紊乱、跛行及骨骼变形。

【病因】维生素 D 的主要来源是饲料，也可以从皮肤中获得一部分。饲料中维生素 D 缺乏，钙、磷供给不平衡，长期在室内舍饲，缺乏运动，不见阳光，是佝偻病的根本原因。

【症状】病程一般缓慢，经 1～3 个月才出现明显症状。病初表现为发育迟滞，精神不振，消化不良，严重异嗜癖（舔食土墙、煤块、砖头、粪便以及自身或其他羊的身体），喜卧而不愿意站立和运动，强行站立和运动时表现强拘、肢体软弱，心跳和呼吸增数。站立时，腕关节屈曲，弯腕或向外突出，顽固性的胃肠卡他性炎症。进而骨骼明显变形，主要表现为管骨和扁平骨逐渐变形、关节肿胀、骨端粗厚，尤以肋骨和肋软骨的连接处明显，出现佝偻性念珠状结节。四肢骨由于松软而负重，故使两前肢腕关节向外侧突出而呈内弧圈状弯曲（O 形），或两后肢跗关节内收，呈八字形叉开站立。牙齿排列不整，且易磨损。严重时，面骨、脊柱和四肢骨骼均发生变形。病若继续发展，可引起营养不良、贫血。X 射线检查时，骨质密度降低，骨化中心出现较晚，骨化中心与骺线间的距离加宽，骨骺线模糊不清呈毛刷状，纹理不清，骨干末端凹陷或呈杯形，骨干内有许多分散不齐的钙化区，骨质疏松等。

【诊断】根据羔羊年龄、饲养管理条件、慢性经过、临床特征可做出诊断。X 射线检查有助于本病诊断。

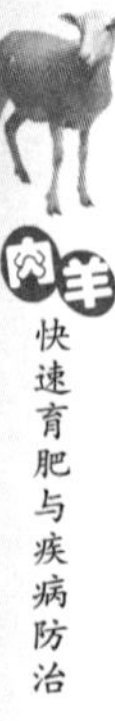

【治疗】治疗原则是消除病因，调整日粮组成。饲料中添加维生素 D，调整日粮的钙、磷比例，加强饲养管理，多晒太阳，饲料中添加骨粉、鱼粉、甘油磷酸钙等。临床用药：内服鱼肝油，肌内注射维生素 D_3、维丁胶性钙注射液。

【预防】饲喂全价日粮，补给足够的维生素 D，尤应注意钙、磷的平衡。冬季应多晒太阳，适当运动。

第四节　常见中毒病防治

一　棉籽饼粕中毒

羊棉籽饼粕中毒是因羊采食多量棉籽饼，以尿血、呼吸障碍、视力障碍为特征的中毒病。

【病因】羊采食多量棉籽饼而发生中毒。棉籽及棉籽饼中的主要有毒成分为棉酚，它是一种萘的衍生物，可分为结合棉酚和游离棉酚两种。游离棉酚容易被肠道吸收，它能和机体内硫和蛋白质结合，有损害血红蛋白中铁的作用，导致溶血，具有毒性。棉酚还能使神经系统发生紊乱，引起神经症状。棉籽又是一种缺乏维生素 A 和钙的饲料，若长期单一饲喂，又可引起羊的消化、泌尿等器官黏膜变性，严重者出现夜盲症。

【症状】病羊食欲减退或废绝，反刍减少或停止，前胃弛缓，腹泻，粪便中混有黏液和血液；精神不振，排尿频繁，往往带痛，排血尿或血红蛋白尿，尿沉渣检查有肾上皮细胞和各种管型；体温不高，脉搏增快，呼吸加快；血液检查，血红蛋白和红细胞水平下降，嗜中性粒细胞显著增多。下颌间隙、颈部、胸腹下及四肢常出现浮肿，有的病羊口、鼻出血。病羊常出现视觉障碍，甚至失明；心跳加快，脉搏细弱；呼吸极度困难，两侧鼻孔流出黄白色或浅红色细小泡沫样鼻液；胸部听诊有广泛性湿啰音；肌肉无力，站立不稳，行走摇晃，或倒地痉挛，最终心力衰竭而死。

【诊断】根据病史、饲料调查、临床症状等综合分析可以确诊。

【治疗】

1）对病羊可采取饥饿疗法。发现中毒后停食 24h，不停水，立

即用0.05%~0.1%高锰酸钾溶液或2%碳酸氢钠溶液洗胃。然后，用磺胺脒6g，鞣酸蛋白5g，活性炭10g，加水500mL，一次内服，以利消炎。

2）50%葡萄糖300mL、20%安钠咖5mL、5%氯化钙20mL，静脉注射，每天1~2次。以保肝解毒、强心利尿和制止渗出。

3）中药疗法：①百合、桑白皮、甘草、枇杷叶、海浮石、黄芩、大黄、桔梗、花粉各5g，共研细末，蜂蜜为引，开水冲服。②茵陈、郁金、龙胆草、青陈皮各6g，知母、泽泻、连翘、焦山栀、茯苓5g，广木香5g，加大黄、芒硝各10g，尿不利加车前子、木通各6g，水煎灌服。③茵陈6g，甘草、滑石各10g，绿豆50g，水煎，1日多次灌服。④芒硝50g，加水500mL，1次灌服。

二 菜籽饼中毒

油菜籽含油和蛋白质多，榨油后所剩的副产品菜籽饼中含有大量蛋白质，是一种优质蛋白质饲料（含粗蛋白约38%）。菜籽饼含有多种有毒物质，如芥子苷或芥子酸钾、芥子酶、芥子酸、芥子碱等，当在酶的作用下，芥子苷可水解成异硫氰酸丙烯酯等，对家畜具有较强的毒性。在不了解菜籽饼的毒副作用时，超量或单一饲喂导致家畜中毒。

【病因】羊吃了多量菜籽饼的饲料后，在生氰物质芥子酸的作用下，产生异硫氰酸盐和噁唑烷硫酮有毒物质，导致羊发生急性瘤胃臌气、肺水肿和肺气肿等。

【症状】中毒病羊可能呈现下述的一项或数项综合征。

① 溶血性贫血。

② 目盲。

③ 神经型症候群：包括狂躁不安和长期的视觉障碍。

④ 呼吸型症候群：具有急性肺气肿和肺水肿。

⑤ 消化型症候群：表现为精神沉郁，食欲减退，瘤胃蠕动减弱和腹痛、腹泻或便秘等。

⑥ 泌尿型症候群：以发生血红蛋白尿为特征。

此外，菜籽饼可能有抗甲状腺素作用。

【诊断】主要以饲喂菜籽饼的发病史、溶血性贫血、胃肠炎及血

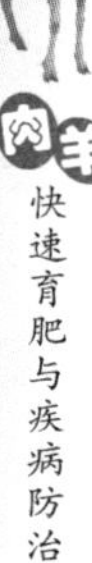

尿等临床特征为依据，进行诊断。

【治疗】主要采用消除致病因素、加速毒物的排除及对症疗法。对严重贫血可以注射含硒生血素，静脉注射50%葡萄糖+氢化可的松50mL，糖盐水500mL+维生素C 50mL，一次静脉注射。维生素B_{12} 10mL肌内注射，速尿10mL，肌内注射，一天3次。

三 酒糟中毒

酒糟中毒是长期采食或一次性采食过量的新鲜酒糟或酸败的酒糟，或精补料中酒糟含量过高或酒糟酸败引起的疾病。临床主要症状是腹痛、腹泻、流涎。

【病因】酒糟是酿酒后的残渣，如用马铃薯酿酒，其残渣毒素主要是龙葵素；用甘薯酿酒，其毒素主要是甘薯酮；用谷物酿酒，其毒素主要是麦角毒素和霉菌毒素等。酒糟中常含有乙醇、甲醇、正丙醇以及醋酸、乳酸等酸性有毒成分。

【症状】急性中毒主要表现胃肠炎，如食欲减退或废绝、腹泻、腹痛。严重病羊呼吸困难，心跳加快，体温下降，卧地不起等。有的病羊出现神经症状，如兴奋不安或狂躁不安，横冲直撞或精神沉郁，走路摇摆，皮下气肿等。

【诊断】本病诊断主要根据饲喂过酒糟的病史，剖检胃黏膜充血、出血，胃内容物有乙醇味及残存的酒糟，有腹泻、腹痛可初步确诊。

【治疗】一旦发觉中毒，应该立即停止饲喂酒糟。灌服小苏打50g，硫酸镁80g，加水2000mL，同时静脉注射高糖、维生素C、速尿等药物进行对症治疗。

四 淀粉渣中毒

淀粉渣是指玉米加工成淀粉后的剩余物，因其中仍含有蛋白质、脂肪、糖和粗纤维，适口性好，可作为羊的补充料。但因玉米加工过程中，需要加入0.25%~0.3%的亚硫酸来浸泡，残留的亚硫酸盐可以引起羊中毒。临床上以繁殖性能下降，生产水平降低，消化机能紊乱，产后瘫痪等综合征候群为特征。

【病因】饲喂淀粉渣过量可造成硫酸亚铁中毒，羊会严重缺乏维生素B_1。羊每天饲喂淀粉渣不能超过5kg。

【症状】当羊饲喂过量的淀粉渣就可引起食欲减退，体重减轻，消瘦，被毛粗乱、无光泽，产奶量下降，体温正常。母羊不发情，或发情不明显，繁殖性能降低，严重的引起妊娠母羊流产或产下弱犊。

【诊断】主要根据长期饲喂含淀粉渣过量的饲料，临床上呈现胃肠炎，严重的前胃弛缓，母羊流产等做出初步诊断。

【治疗】一旦发觉中毒，应该立即停止饲喂淀粉渣饲料。硫酸镁80g + 水 2000mL 灌服。同时静脉注射高糖、维生素 C、速尿、维生素 B_1 等药物进行对症治疗。

五 霉麦芽根中毒

大麦酿造啤酒工艺过程中，先发芽烘干剔除根部，麦芽根内含有丰富的糖和维生素，可作为羊饲料，但麦芽根发霉以后，因其含有某些霉菌毒素可引起羊中枢神经紊乱，称为霉麦芽根中毒。

【病因】在麦芽根上生长产毒的霉菌主要有棒曲菌，可引起羊中毒。棒曲菌毒素是一种神经毒素，可损伤脑、脊髓和坐骨神经干，从而引起感觉机能失调和运动机能障碍。

【症状】病羊初期呈现过敏，肌肉震颤和痉挛，四肢强直，腹围卷缩，后期兴奋性下降，处于抑制状态，呼吸困难，心跳加快，体温正常。

【诊断】根据有采食霉变麦芽根的病史，临床上表现神经症状和呼吸困难，可做出初步诊断。

【治疗】立即停止饲喂霉变麦芽根，并采取对症治疗，如强心、利尿、镇静、补液保肝等。

六 亚硝酸盐中毒

亚硝酸盐中毒是由于采食富有硝酸盐或亚硝酸盐的饲草或饲料引起的中毒性疾病。即可引起化学中毒性高铁血红蛋白血症（变性血红蛋白血症）。临床特征为发病突然，病程短，黏膜呈蓝紫色，呼吸困难等急性贫血性缺氧及其他缺氧症状。

【发病机理】亚硝酸盐的毒性作用主要是：①使血中正常的氧合血红蛋白（二价铁血红蛋白）迅速地氧化成高铁血红蛋白（变性血红蛋白），即三价铁同一个羟基（ - OH）呈稳固的结合，从而丧失

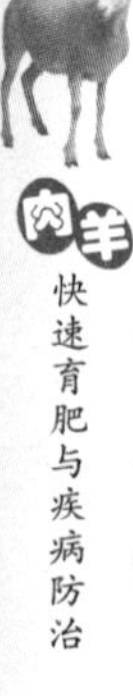

了血红蛋白的正常携氧功能；②具有血管扩张剂的作用，可使病羊末梢血管扩张，而导致外周循环衰竭。

【病因】在自然条件下，亚硝酸盐系硝酸盐在硝化细菌的作用下，还原为氨过程的中间产物，故其发生和存在，取决于硝酸盐的数量与硝化细菌的活跃程度这两个条件。

各种鲜嫩青草、作物秧苗以及叶菜类等均富含硝酸盐。常见富含硝酸盐植物包括白菜、油菜、菠菜、莴苣、甜菜、各种牧草、野菜、作物秧苗等。硝化细菌最适宜的生长温度为 20～40℃。成年羊瘤胃生理条件下适合大量的硝酸盐还原菌生长繁殖，食入大量的硝酸盐后可在瘤胃内转化为亚硝酸盐而中毒。

【症状】中毒病羊自采食后可经 1～5h 发病。急性型病例出现不安，严重的呼吸困难，脉搏疾速细弱，全身发绀，体温正常或偏低，躯体末梢部位厥冷。耳尖、尾端的血管中血液量少而凝滞，在刺破或截断时也仅渗出少量黑褐红色血滴。肌肉战栗或衰竭倒地。末期则出现强直性痉挛。还可出现流涎、疝痛、腹泻等症状。

【诊断】根据患羊病史，结合饲料状况和血液缺氧为特征的临床症状，做出初步诊断。为确立诊断，也可在现场做变性血红蛋白检查和亚硝酸盐简易检验。

【治疗】现用的特效解毒剂是美蓝（亚甲蓝）。除了美蓝外，还可用甲苯胺蓝。其还原变性血红蛋白的速度比美蓝快 37%。甲苯胺蓝按每千克体重 5mg 做成 5% 的溶液，静脉注射，也可用作肌内或腹腔注射。同时配合静脉注射 50% 葡萄糖和维生素 C，速尿等。

七 马铃薯中毒

马铃薯中毒，主要是由于马铃薯中含有一种有毒的生物碱——马铃薯素（龙葵素）所引起。马铃薯素主要包含于马铃薯的花、块根幼芽及其茎叶内。

当采食大量储存过久，特别是发芽的或腐烂的马铃薯，以及由开花到结有绿果的茎叶饲喂羊时，极易引起中毒。

【症状】马铃薯中毒病羊的共同症状是神经系统及消化系统机能紊乱。

重度的中毒：多呈急性经过，病羊呈现明显的神经症状（神经

型）。病初兴奋不安，表现狂躁，向前猛冲直撞。继则转为沉郁，后躯衰弱无力，运动障碍，步态摇晃，共济失调，甚至麻痹，可视黏膜发绀，呼吸无力，次数减少，心脏衰弱，瞳孔散大，全身痉挛，一般经 1 ~ 3 天死亡。

轻度的中毒：多呈慢性经过，病羊呈明显的胃肠炎症状（胃肠型）。病初，食欲减退或废绝，口腔黏膜肿胀，流涎，呕吐，便秘。当发生胃肠炎时，出现剧烈的腹泻，粪便中混有血液。患羊精神沉郁，肌肉弛缓，极度衰弱，体温有时升高，皮温不整。妊娠羊往往发生流产。

【诊断】根据病史诊断。

【治疗】为排出胃肠内容物，羊可应用 0.5% 高锰酸钾液或 0.5% 鞣酸液洗胃。对狂躁不安的病羊，可应用镇静剂：溴化钠，羊 15g 灌服；也可应用 2.5% 盐酸氯丙嗪注射液 8mL 肌内注射；硫酸镁注射液 100mL 静脉或肌内注射。

对胃肠炎患羊，可应用 1% 鞣酸液，50 ~ 200mL；或应用黏浆剂、吸附剂灌服以保护胃肠黏膜。对中毒严重的病羊，为解毒或补液可应用 10% 葡萄糖溶液、葡萄糖盐水或复方氯化钠 500 ~ 1000mL + 维生素 C 50mL，静脉注射。

对皮肤湿疹，可对患部应用消毒药液洗涤或涂擦软膏。

八 氢氰酸中毒

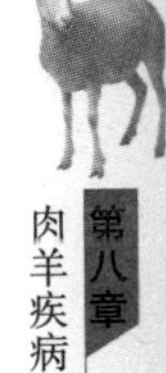

氢氰酸中毒是由于羊采食富含氰甙配糖体的青饲料，在胃内由于酶和盐酸的作用，产生游离的氢氰酸，而发生中毒。氢氰酸中毒的主要特征是呼吸困难、肌肉震颤、惊厥综合征的组织中毒性缺氧症。

【病因】采食以下植物引起：

① 木薯。

② 高粱及玉米新鲜幼苗均含有氰甙，特别是再生苗含氰甙更高。

③ 亚麻籽含有氰甙，其挤油的残渣（亚麻籽饼）可作为饲料。

④ 豆类。海南刀豆、狗爪豆等都含有氰甙，如果不用水浸渍也可引起中毒。

⑤ 蔷薇科植物。桃、李、梅、杏、枇杷、樱桃的叶和种子中也含有氰甙，当喂饲过量时可引起中毒。也有羊内服中药时，因桃仁、李仁、杏仁过量发生中毒。

【症状】氢氰酸中毒发病很快，当羊采食含有氰甙的饲料后15~20min，表现腹痛不安，呼吸加快且困难，可视黏膜鲜红，流出白色泡沫状唾液，先兴奋，很快转为抑制，呼出气有苦杏仁味，随之全身极度衰弱无力，步态不稳，很快倒地，体温下降，后肢麻痹，肌肉痉挛，瞳孔散大，反射减少或消失，心搏动徐缓，呼吸浅表，脉搏细弱，最后昏迷而死亡。

【诊断】饲料中毒时吃得越多的羊死得越快，根据病史及发病原因，可初步判断为本病。另外，根据其血液颜色为鲜红色可与亚硝酸盐中毒的血液为黑褐红色相区别。最后确诊可进行毒物分析。

【治疗】特效疗法：发病后立即用亚硝酸钠 2g 配成 5% 的溶液，静脉注射。随后再注射 10% 硫代硫酸钠溶液 100mL，糖盐水500mL + 维生素 C 50mL，一次静脉注射。

九 有毒植物中毒

有毒植物中毒是指误食有毒植物或食用方法不当而引起的中毒，常见的有毒植物有紫云英、夹竹桃、白苏、鲜黄花菜等。

1. 紫云英中毒

紫云英是豆科黄芪属、多年生草本植物，早春发芽，初秋开花，耐干旱。株高 15~25cm，呈分枝状，并且具有刺毛。叶为奇数羽状复叶，两面均有茸毛，花为紫色。紫云英能够大量吸收土壤中的硒。国外称这类毒草为“疯草”。其有毒成分为生物碱和硒。

【病因】羊采食了一定量的紫云英而发生中毒。

【症状】羊一次大量采食紫云英，可引起急性中毒；长期少量采食，可致慢性中毒。急性中毒，病羊突然发病，数日内死亡。慢性中毒，病程缓慢，可拖延数月至一年以上。病羊表现精神呆滞，食欲减退，后肢无力，步态蹒跚；有的后肢麻痹，不能站立，倒地，死亡。有的表现狂躁、不听呼唤、惊恐、兴奋。嚼肌痉挛，采食和饮水不自如。妊娠母羊可引起流产。另一种紫云英，羊食入中毒后，表现呼吸系统损害，病羊呼吸迫促，张口伸舌，咳嗽，喉麻痹，声音嘶哑，吞咽障碍，继发瘤胃臌气等。

【病理变化】严重贫血，体腔积液，神经干浆性浸润，胃肠黏膜呈卡他性炎症，肾上皮细胞及脑神经细胞质出现液泡。

【诊断】根据病史、特征性临床症状和病理变化，可做出诊断。

【治疗】目前尚无特异治疗方法。可给病羊皮下注射硝酸士的宁注射液10mg，每日1次，连续注射2~3次。解毒用硫代硫酸钠；补充体液用葡萄糖生理盐水溶液；调节神经机能，用氢化可的松；心力衰竭可用安钠咖治疗。

2. 蕨中毒

蕨是蕨科蕨属的植物，高约1m，叶大，羽状，叶柄光滑而长。在我国广泛分布于山区的阴湿地带。目前，证实蕨中有毒成分有以下几种：生氰配糖体、硫胺素酶、再生障碍贫血因子、血尿因子、致癌物等。本病多发生在春季蕨发芽期。可引起羊的中毒。

【病因】在放牧时，羊采食一定量鲜嫩蕨的幼芽而发病。

【症状】病羊在中毒初期数周内，表现精神沉郁，食欲减退，消瘦，疲倦，步态不稳，放牧掉群。病情恶化后，体温升高至40~41℃，前胃弛缓，腹痛明显，常表现头颈伸直，伏地躺卧，回首顾腹，后蹄踢腹。粪便干结，努责排粪，或粪便稀软，排出带血、胶冻样黏液，严重者肛门外翻。妊娠羊常流产。慢性病例发生血尿，贫血，可视黏膜苍白，血液凝固不良，针刺或发生创伤会出血不止。血液检查，血红蛋白减少，红细胞总数减少，嗜中性粒细胞减少。羔羊中毒表现咽喉水肿，呼吸困难，发出喘鸣音，体温升高。

【诊断】根据发病史和临床症状，不难确诊。

【治疗】目前尚无特效疗法。对中毒病羊，停喂含蕨的青草或停止放牧。临床用药，可用鲨肝醇1g、橄榄油10mL，溶解，皮下注射，连用5天。另外，可进行输血疗法，应用1%鱼精蛋白10mL，静脉注射。皮下或肌内注射维生素B_1（硫胺素）10mL，肌内注射氨苄西林1g+安乃近10mL，防止继发感染。

3. 夹竹桃中毒

夹竹桃是一种热带和亚热带的常绿灌木，各地都有栽植。除此以外，万年青、侧金盏花也属同一类。夹竹桃的叶、树皮、根及种子含有强心苷配糖体。羊夹竹桃中毒主要是采食夹竹桃的叶子或闻

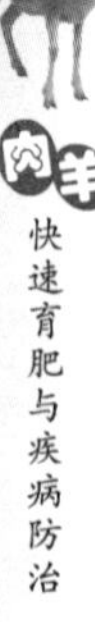

到其烟雾而引起，羊中毒后常表现严重的消化机能紊乱，腹泻，出血性下痢，粪便黑红色，有的呈血块状，听诊心脏，严重节律不齐，心音浑浊，很快死亡。

【病因】羊在一般情况下不采食夹竹桃叶、茎、根、枝等，中毒主要是由于割杂草喂羊时，将夹竹桃叶混于草中，误喂给羊而发病。其中毒量为羊体重的0.005%。

【症状】病羊发病突然，体温正常，食欲减退或废绝，反刍停止，排稀薄粪便，其中带有黏液和血液。腹痛明显。常表现鼻翼翕动，呈深呼吸，肺部听诊有粗粝的肺泡音。心脏听诊，病初心搏动缓慢，每分钟40余次，1天后，出现心搏动间歇，节律不齐常听到搏动2～3次，就发生一次间歇，间歇最长时间达7～15s。随着心搏动减缓，心音则减弱或消失，出现二联脉或三联脉。

【病理变化】剖检见有心包变厚，心内外膜出血，左心室出血明显。皱胃瘀血、轻度水肿，肠黏膜点状或块状出血，其中直肠出血最为严重，结肠次之，小肠较轻。肺脏点状出血。肝脏瘀血。

【诊断】根据发病史、临床症状和剖检变化，可做出诊断。

【治疗】治疗原则为解毒，调节心脏机能，消炎、镇痛、止血，必要时可输入氧气。但治疗效果很差，多数无效而亡。治疗时，先用10%葡萄糖300mL、10%氯化钾10mL，混合静脉注射。再用0.1%高锰酸钾溶液200mL灌服或洗胃，维生素C 30mL，肌内注射。仙鹤草素注射液10mL，肌内注射。磺胺脒10g、活性炭10g、生山栀粉8g、液状石蜡20mL，加常水500mL，混合均匀，1次灌服。复方氨基比林注射液20mL，肌内注射。

4. 白苏中毒

白苏是唇形科紫苏属植物，白苏的茎叶中含有挥发油，其主要成分为紫苏酮、β-去氧香蒂酮及二甲氧基苯丙烯等物质，这些成分毒性很强。

【病因】本病多发于放牧羊，夏收、夏种时，羊食欲旺盛，放牧中采食大量白苏茎叶而发生中毒。

【症状】本病多突然发作，病羊表现闷呛，喘息，吐沫、流口水。轻病例，仍采食，反刍减少，瘤胃膨胀。病重者，呼吸困难，表现吸气用力，鼻翼开张、向上翘起，口角附少量泡沫或流涎，体温正常。病情发展后，出现更明显的肺水肿症状，呼吸极度困难，伸颈仰头，呈腹式呼吸。肺部听诊肺泡音粗粝，有啰音。四肢、耳尖、体表发凉，面静脉怒张，神情不安，咳嗽无力，流鼻涕，频频排尿。病情恶化时，病羊呈现间断性呼吸困难，陷于麻痹，呼吸费力。眼球突出，瞳孔散大，结膜发绀，张口伸舌，皮肤发紫，全身肌肉痉挛震颤，最终窒息而倒毙。急性病例病程仅 2～6h 即死亡，常常来不及治疗。

【诊断】可根据以上症状及结合季节因素做出初步诊断。

【治疗】将病羊放在阴凉通风处，要保持安静。镇静，用安溴注射液 30mL，静脉注射；排除血毒，可静脉放血 500mL，然后用 5% 葡萄糖 500mL、20% 安钠咖 5mL，缓慢静脉注射；5% 葡萄糖 500mL、维生素 C 30mL（勿与安钠咖混合），缓慢静脉注射。兴奋呼吸和循环系统，用 25% 尼可刹米 10mL，肌内注射。脑水肿，用 10% 甘露醇 150mL + 速尿 10mL + 地塞米松 10mg，静脉注射。也可用维生素 B_1 10mL 肌内注射或复合维生素制剂治疗。

十 敌百虫中毒

【病因】用敌百虫驱除羊体内外寄生虫时，由于用药剂量和给药方法使用不当，引起羊中毒。

【症状】一般在注射、清洗或口服敌百虫后 0.5～1.0h 内发病，病羊开始不安，来回走动，惊叫，转圈，口吐白沫，体温正常，以后转为迟钝，呻吟，肌肉和眼球震颤，呼吸急促，心跳加快，头向上弯，随即倒地不起，四肢和头颈僵直，呼吸和心跳转缓死亡。

【治疗】一旦发现病羊，立即用阿托品进行对症治疗。皮下注射阿托品 10～50mg，每隔 0.5～1.0h 重复一次。紧接着用解磷定每只成年羊 1g，用 5% 葡萄糖配成 3%～5% 的溶液一次静脉注射。解磷定要和阿托品交替使用，每隔 1h 重复一次，可充分发挥其解毒作用。同时可用 25% 葡萄糖 500mL，安钠咖 5mL，速尿 10mL，维生素 C 30mL，氢化可的松 20mL，一次静脉注射等。

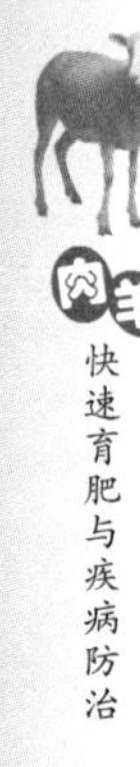

十一 有机氯农药中毒

有机氯农药中毒，是由于羊接触、吸入及误食被有机氯农药污染的饲料而引起的中毒病。临床上以中枢神经机能紊乱为特征。

【病因】现在常用的有机氯农药有三氯杀螨醇、甲氧滴滴涕、艾氏剂、狄氏剂、毒杀芬等。中毒的发生可能有以下几种原因：羊吃了有机氯杀虫剂喷洒过的残留农药的秸秆、蔬菜或种子；偷吃或误喂了用杀虫剂农药拌过的种子；治疗外寄生虫药量过大，经皮肤吸收或被舌舔而引起中毒；由于有机氯农药在机体内破坏及排泄慢，在生物体内的残效期长，残毒量大，可因蓄积而中毒，还可因由乳排泄，而致哺乳幼畜中毒。

【发病机理】有机氯杀虫剂为实质脏器和神经毒物，大剂量可引起神经系统及肝、肾的严重损害发生退行性变化。其次它对羊体内某些酶的活性有影响，从而改变羊体内某些生化过程；此外，有机氯杀虫剂对肾上腺皮质细胞有毒害作用，可导致肾上腺皮质萎缩及细胞的退行性变化；有机氯杀虫剂能加快神经的传导速度，降低动作电位发生的膜阈值，当神经冲击产生后，可产生一连串的动作电位，使羊发生肌肉震颤，并兴奋各部的神经纤维和使脊髓反射亢进。

【症状】有机氯农药中毒的临床表现主要在神经系统、胃肠道和皮肤三方面。

急性病例，多于接触毒物后24h左右突然发病，食欲大减或废绝，流涎，流泪，出汗，不断磨牙、眨眼、掀唇或摆耳；肌肉震颤，兴奋不安，前冲、后退、无目的运动；若给中毒羊稍微刺激，如触其皮肤等，则病羊目光惊惧，鼻孔开张，呼吸困难，肌颤加剧，诱起痉挛发作。痉挛时，勉强站立或倒地不起，角弓反张或做游泳状运动。反刍停止，前胃弛缓，重症的有腹泻。

慢性病例，毒物侵入并蓄积数周乃至数月后才缓缓发病。羊兴奋不安、感觉过敏和肌肉震颤等神经症状不太明显。而消化道症状常比较突出，且齿龈及硬腭肥厚，口黏膜出现烂斑。经皮肤染毒者，还伴发鼻镜干裂或溃疡，角膜炎，皮肤溃烂、增厚或硬结。一旦由慢性转化为急性，则病情突然恶化，神经症状迅速增重，痉挛发作剧烈而频繁，数日即死。

【诊断】依据接触有机氯农药的病史和神经应激性增高的临床症状可初步诊断为本病。要进行确诊，需对可疑饲料、饮水、乳汁、呕吐物、胃内容物、脂肪组织等进行毒检，测其毒物含量。

【治疗】本病无特效解毒药。治疗原则是排毒、镇静和保肝。

首先应立即停喂可疑饲料、饮水。经皮肤感染的，可用温水或肥皂水清洗。经口食入中毒的，应尽快用温水或2%～3%碳酸氢钠液洗胃或用盐类泻剂加活性炭，以吸附并排除肠内的毒物。但禁用油类泻剂。

为降低神经兴奋性并缓解痉挛发作，可用镇静剂，如2.5%盐酸氯丙嗪注射液8mL肌内注射；氨溴合剂注射液30mL静脉注射。还可用10%葡萄糖酸钙液100mL缓慢静脉注射，每天2次，控制抽搐。

为了保护肝脏，增强其解毒能力，可用5%高渗葡萄糖液、维生素C静脉注射。

十二 尿素中毒

尿素是羊体内蛋白质分解的最终产物，也可以作为肉羊蛋白质的补充料，如果饲喂不当，或过量会引起中毒。

【病因】在补饲尿素时饲喂过量，或尿素与饲料混合不均匀，或用装过尿素的器具来给羊饮水，或将尿素溶于水中饮喂，或肉羊偷食过量尿素往往引起尿素中毒。

【发病机理】尿素进入瘤胃被细菌产生的尿酶分解产生CO_2和NH_3，NH_3经过瘤胃壁吸收进入肝脏，在肝脏中借鸟氨酸循环转变为尿素或与a-酮戊二酸结合形成谷氨酸或谷氨酰胺。如果进入肝脏的氨超过了肝脏的解毒能力，则沿着门脉循环进入外周血液中。当外周血液中氨含量超过正常水平时即可引起中毒。外周血液中氨可直接作用于心血管系统，使毛细血管通透性增高，体液丧失，血液浓稠，心肌损害死亡。同理，羊饲料中蛋白质含量不能过高，过多地饲喂蛋白质会引起氨中毒。繁殖母羊会引起繁殖障碍。

【症状】羊采食尿素后20～30min即可能发病。开始时呈现不安，呻吟，肌肉震颤和步态踉跄，反复发作痉挛，同时呼吸困难，自口、鼻流出泡沫状液体，心搏动亢进，脉数增至100次/min以上。

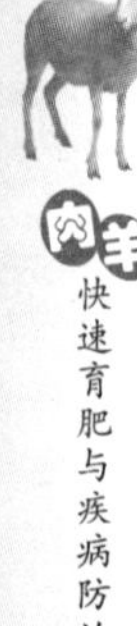

末期则出汗，瞳孔散大，肛门松弛。急性中毒病例，仅1～2h即因窒息而死亡。如果延长至1天左右，尚可能发生后躯不全麻痹症状。

【治疗】早期可灌服大量的食醋或稀醋酸等弱酸类，以抑制瘤胃中酶的活力，并中和尿素的分解产物氨。成年羊食醋或1%冰醋酸溶液1L，糖100g和水1L灌服。硫代硫酸钠溶液静脉注射，作为解毒剂，同时对症地应用葡萄糖酸钙溶液、高渗葡萄糖溶液、强心利尿剂等药物。

十三 黄曲霉毒素中毒

羊采食了被黄曲霉毒素污染的饲料所引起的中毒称为黄曲霉毒素中毒。这是一种人畜共患有严重危害的一种霉败饲料中毒病，主要引起肝细胞变性、坏死、出血，胆管和肝细胞增生。临床上以全身性出血、消化机能障碍和神经症状为特征。

【病因】黄曲霉毒素是黄曲霉菌和寄生曲霉菌的一种代谢产物，它对人、羊、植物、微生物都有很强的毒性。最易被黄曲霉菌污染的饲料是花生、玉米、黄豆、棉籽饼等植物种子及其副产品。黄曲霉毒素的分布范围很广，凡是污染了黄曲霉菌和寄生曲霉菌的粮食、饲草饲料等，都可能存在有黄曲霉毒素，甚至没有发现真菌、真菌菌丝体和孢子的食品与农副产品上，也找到了黄曲霉毒素。由此可见，如果羊大量采食了这些含有多量黄曲霉毒素的饲草饲料和农副产品，就会引起发病。

【发病机理】羊吃了含黄曲霉的饲料后，毒素经胃肠吸收，进入肝脏，肝脏含量比其他器官高出5～10倍，血液中含量甚微。毒素进入体内7天左右，绝大多数毒素经呼吸、尿液、粪便及乳汁排出体外。

目前已发现黄曲霉毒素及其衍生物有20多种，其中以黄曲霉毒素B_1、B_2、G_1、G_2的毒力最强，它们都具有致癌作用，可导致肝损伤和肝癌。其中以B_1的致癌性最强。当B_1进入机体后，在肝细胞内质网中的混合功能氧化酶的催化下，转化为环氧化黄曲霉毒素B_1，再与DNA及RNA结合，并发生变异，使正常的肝细胞转化为癌细胞。

羊吃了B_1后，在奶中分泌黄曲霉毒素M_1和M_2，对人有危害。羊就是因为吃了含黄曲霉污染的植物种子而发病。

黄曲霉毒素是一类肝毒物质，羊中毒后以肝脏损害为主，同时还伴有血管通透性破坏和中枢神经损伤。临床特征表现为黄疸、出血、水肿和神经症状。羊黄曲霉毒素中毒多见于3~6月龄犊羊，表现精神沉郁，角膜浑浊，磨牙，腹泻，里急后重和脱肛等，无目的徘徊，个别羊见惊恐或转圈运动等神经症状。成年羊多取慢性经过，厌食，消化功能紊乱，间歇性腹泻，腹水多。产奶减少或停止，间或发生流产。

【病理变化】中毒病羊，主要见肝脏质地变硬、纤维化及肝细胞瘤，胆管上皮增生，胆管扩张，胆囊扩张，胆汁浓稠，腹腔积液。

【诊断】首先调查饲料品种、来源及霉变情况，然后调查病史，发病及喂霉败饲料有密切关系，用一般抗生素疗法无效。结合临床症状和剖检变化，可做出初步诊断。要确诊必须进行毒物检验。

【治疗】本病无特效解毒药和疗法。一旦发现病羊，应立即停止饲喂可疑的饲料，改喂新鲜全价日粮。对重症病例，可投服泻剂，清理胃肠道内的有毒物质。同时解毒、保肝、止血、强心，应用维生素C制剂、葡萄糖酸钙液、青霉素、链霉素等药物进行对症治疗。

十四 氟中毒

有机氟化物主要有氟乙酰胺（FAA）、氟乙酸钠（1080，SFA）等，它们主要用于防治农林蚜螨及草原鼠害等。

【病因】对羊主要是使其心脏发生严重的毒害作用。

氟乙酰胺进入机体后，因其代谢、分解和排泄较慢，可引起蓄积中毒。氟乙酰胺进入机体后，脱胺形成氟乙酸，氟乙酸经过乙酰辅酶A活化，在缩合酶的作用下，与草酰乙酸缩合，生成氟柠檬酸。氟柠檬酸的结构同柠檬酸相似，但它却是正常代谢柠檬酸的对抗物，可阻断柠檬酸的代谢，并且氟柠檬酸可抑制乌头酸酶，使糖代谢反应中止，三羧酸循环中断。组织和血液中柠檬酸蓄积，使三磷腺苷（ATP）生成受阻，导致严重中毒。

【症状】突然发病型：无明显的前驱症状，经9~18h，突然跌倒，剧烈抽搐，惊厥或角弓反张，迅速死亡；有的可暂时恢复，但心跳快，节律不齐，卧地战栗，随即复发，最终死亡。潜伏发病型：中毒5~7天后，表现食欲降低；不反刍，不合群，单独依

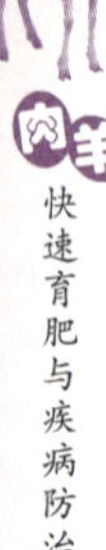

墙而立或卧地，有的可逐渐康复，有的可能在静卧中死去。还有些病羊在中毒之次日，即表现沉郁，食欲反刍减少。经3~5天，因外界刺激而突然发作惊恐，尖叫，狂奔，全身颤抖，呼吸迫促，可重复发作。病羊终于在抽搐中因呼吸抑制和心力衰竭而死亡。

【诊断】根据病史和临床症状做出初步诊断。

【治疗】

（1）立即脱离现场 更换可疑的饲料和饮水。

（2）经皮肤中毒者，立即用清水洗涤 经口服中毒者，先用1∶5000高锰酸钾溶液洗胃。然后服蛋清或氢氧化铝胶，以保护胃黏膜，最后用硫酸钠导泻。

（3）特殊解毒 立即肌内注射解氟灵（乙酰胺）。解氟灵效果可靠，不良作用小，尚有预防发病的作用，故应及早用药。剂量可按每天每千克体重0.1g计算，肌内注射。首次用量要加倍。

（4）对症治疗 镇静用氯丙嗪、水合氯醛；解除呼吸抑制，可用尼可刹米；解除肌肉痉挛，可静脉注射葡萄糖酸钙或柠檬酸钙或高浓度葡萄糖溶液；控制脑水肿可静脉注射20%甘露醇溶液（或25%山梨醇溶液）。必须注意氟乙酰胺中毒病羊的心脏常遭受损害，静脉注射必须十分缓慢，若大量、快速输入，常加速病羊死亡。

十五 食盐中毒

食盐为重要的饲料成分，但在采食过多或饲喂不当时，则易发生中毒。本病以消化道炎症和脑组织的水肿、变性为其病理基础，以神经症状和消化紊乱为临床特征。食盐的中毒量为1~2g/kg。

【病因】饲料中添加0.3%~0.5%食盐可以增进食欲，帮助消化，保证机体水盐平衡。中毒常见于：

1）不正确地利用腌制食品（如腌肉、咸鱼、泡菜）加工后的废水、残渣以及酱渣等。如突然喂量过多或未同其他饲料搭配使用等情况时，易发生中毒。

2）对长期缺盐饲养或“盐饥饿”的羊突然加喂食盐，特别是喂含盐饮水，而未加限制时，易发生大量采食的情况。

3）饮水不足在发病上具有重要意义。在严格限制饮水或缺水时，则会发生食盐中毒。

4）机体水盐平衡状态的稳定性，可直接影响机体对食盐的耐受性。如环境温度较高，使机体大量散失水分时，可使羊不能耐受冷季所用的食盐饲喂量。

【发病机理】大量食盐进入体内，大部分存留于消化道内，直接刺激胃肠黏膜并引起炎症反应。另外，由于胃肠内容物的渗透压升高，可导致组织失水，故当饮水不足时，患畜出现口渴、少尿和脑机能紊乱现象。又因为钠离子在体内潴留造成离子平衡失调和细胞组织损害，尤其是脑组织损害。一价离子增多时，羊呈现兴奋。

【症状】病羊表现为口渴、腹痛、腹泻、流涎、粪便中带有大量黏液。主要是中枢神经系统呈现兴奋症状。体温常不升高，同时眼结膜和口腔黏膜充血、发红；少尿；还可发现嗜酸性粒细胞增多现象。严重时能引起双目失明，后肢麻痹。孕羊流产。

【诊断】根据有采食过量食盐或饮水不足的病史，体温不高和神经症状做出初步诊断。

【治疗】目前无特效解毒药，主要是促进食盐排除，恢复阳离子平衡以及对症疗法。为恢复血液中一价和二价阳离子平衡，可静脉注射5%葡萄糖酸钙溶液150mL或2%氯化钙30mL。为缓解脑水肿，降低颅内压，可静脉注射25%甘露醇液250mL，配合速尿，氢化可的松，或高渗葡萄糖液；为促进毒物的排除，可用利尿剂和油类泻剂；为缓和兴奋和痉挛发作，可用硫酸镁、溴化钾等镇静解痉剂。

第五节 常见普通病防治

一 前胃弛缓

前胃弛缓是由于前胃神经的兴奋性降低，收缩力减弱，前胃消化功能障碍，致使瘤胃内容物腐败和发酵，并伴有全身功能紊乱的一种疾病。临床特征为食欲减退，反刍、嗳气减少或停止，瘤胃蠕

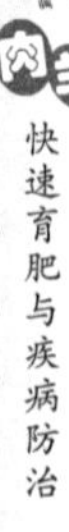

动音减弱或消失。

【病因】前胃弛缓多为饲料过于单纯、日粮中矿物质元素和维生素缺乏，特别是缺钙，可引起低钙血症，影响到神经体液调节功能，成为前胃弛缓发生的主要因素之一。长途运输、瘤胃内存在异物、突然变更饲料、大量增喂精饲料等应激因素使前胃功能紊乱，导致本病发生。长期应用大剂量磺胺类或广谱抗生素类药物使瘤胃内菌群失调，也可引起前胃弛缓。长期大剂量精料，造成亚临床性酸中毒。

【症状及诊断】患羊食欲时好时坏，反刍无规律，嗳气减少，瘤胃蠕动音减弱，次数减少甚至无。便秘下痢有时相互交替，病羊日渐消瘦，皮肤干燥、无弹性，病情较长者，出现眼球下陷、脱水等，治疗不及时，导致心率衰竭而死亡。

【治疗】重点治疗原发病，同时制止瘤胃内容物发酵，改善瘤胃内环境，促进瘤胃微生物菌群恢复及瘤胃蠕动，防止脱水和酸中毒。

1）硫酸镁或人工盐 20～30g，大黄酊 10mL，陈皮酊 10mL，姜酊 5mL，龙胆酊 10mL，加水 500mL，一次灌服。

2）甲基新斯的明 2mL 肌内注射。

3）严重病例，若出现脱水等，须补液强心。糖盐水 500mL，10% 氯化钠 50mL，5% 氯化钙 30mL，维生素 B_1 6mL，10% 维生素 C 30mL，5% 小苏打液 100mL，一次静脉注射，1 天 1 次。

二 瘤胃积食

【病因】瘤胃积食是由于采食大量难以消化的粗饲料或易膨胀饲料所致。临床特征为瘤胃内容物积滞，触诊坚实，腹围增大，消化功能障碍，伴有脱水和酸中毒。

【症状】采食数小时后出现症状。早期食欲、反刍、嗳气减少，腹围增大，病羊不安，呻吟，常回顾腹部。触诊瘤胃多坚实或呈生面团样。听诊瘤胃蠕动音弱，持续时间缩短，甚至消失，粪便少。体温正常，心率加快，呼吸急促。病至后期，当瘤胃内有毒物被吸收，病羊表现中枢抑制，四肢无力，震颤，卧地不起，伴发脱水、酸中毒而衰竭。

【诊断】根据病史及症状即可确诊。

【治疗】尽快排除瘤胃内容物，制止异常发酵，促进瘤胃运动功能和内环境恢复，防止脱水和酸中毒。

1）硫酸镁50g，小苏打10g，食母生10g，消气灵10mL，大黄酊10mL，陈皮酊10mL，加水500mL，一次口服，一天两次。

2）5%碳酸氢钠注射液100mL，25%葡萄糖注射液200mL，复方氯化钠注射液200mL，维生素C注射液15mL，一次静脉注射。

3）芒硝30g、大黄12g、厚朴12g、枳壳9g、香附子9g、陈皮6g、木香3g，水煎灌服。

三 瘤胃臌气

瘤胃臌气又名瘤胃气胀，主要是采食了大量易发酵饲料，瘤胃内异常发酵，产生的大量气体不能及时通过嗳气排出，导致气体在瘤胃积聚，致使瘤胃体积增大的一种急性疾病。临床上以左肷部突出，腹部明显增大，呼吸困难，反刍、嗳气停止为特征。

【病因】一次性大量采食豆科植物或带露水青草，如豆苗、青苜蓿以及萝卜菜等多汁易胀饲料、霉变饲料。

【症状】大多采食后马上发病，最明显特点是腹部鼓胀，尤其是左肷部高出脊背。触诊瘤胃壁紧张而有弹性，叩诊呈鼓音。病羊站立不安，回腹张望，呼吸困难，头颈伸直，张口伸舌，口中可流出泡沫唾液，呼吸心率增快，体温正常，严重病例出现精神沉郁，站立不稳，卧地不起，终因窒息而死亡。

【治疗】排出瘤胃内气体，制止瘤胃内容物继续发酵，改善瘤胃内环境，轻泄，增强胃肠蠕动为原则。

（1）瘤胃放气 在左肷部瘤胃隆起部位，剪毛消毒，用穿刺针垂直插入瘤胃中放气，待放气到一定程度，从穿刺针孔向瘤胃内注射消气灵20mL，生理盐水50mL。经胃管向瘤胃内投入鱼石脂15g，小苏打10g，硫酸镁100g，加水500mL。

（2）经验方法推荐

1）鱼石脂10g，酒精15mL，消气灵10mL，加适量水，一次灌服。

2）液状石蜡100mL，鱼石脂10g，小苏打125g，硫酸镁50g，加水500mL，一次灌服。

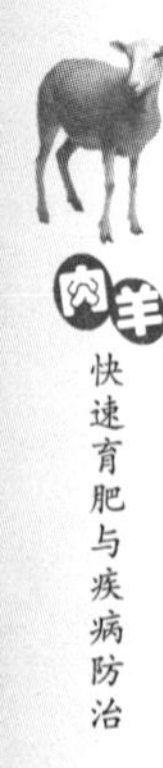

3）莱菔子 30g、芒硝 20g、滑石 10g 水煎加食用油 30mL 灌服。

4）严重病例，若出现脱水等，须补液强心。糖盐水 500mL，10% 安钠咖 10mL，维生素 B_1 6mL，10% 维生素 C 20mL，5% 碳酸氢钠 100mL，一次静脉注射。

四 瘤胃酸中毒

瘤胃酸中毒主要是因过食富含碳水化合物的谷物饲料，在瘤胃内高度发酵产生大量乳酸后引起的急性代谢性酸中毒。表现为急性消化障碍，瘤胃胀满，腹泻，精神沉郁，共济失调，卧地不起，神志昏迷，酸血症，脱水而亡。

【病因】常因饲喂大量谷物如大麦、小麦、玉米及甘薯干，特别是粉碎过细的谷物；在常规饲养情况下，突然饲喂谷物类精饲料或偷食大量谷物，或者精饲料搅拌不均匀，过量采食。气候骤然变化，长途运输，组群应激容易导致本病发生。

【症状】最急性病例，常在采食后无明显病症，于 1～3h 内突然死亡。病情轻的，表现神情恐惧，食欲、反刍减退，瘤胃蠕动减弱，肚腹胀满，粪便呈灰色、松软或腹泻。绝大多数病例都呈现急性瘤胃酸中毒综合征，表现为神情沉郁，目光无神，惊恐不安，步态不稳，食欲废绝，流涎，磨牙，虚嚼。瘤胃蠕动消失，内容物胀满、黏硬，腹泻，粪便呈浅灰色、酸臭味。呼吸每分钟 60～80 次，气喘。心跳每分钟可达 100 次以上。重度病例，心力衰竭，呈现循环虚脱状态。有时，呈狂躁不安，视觉障碍，做直奔或转圈运动。随着病情发展，后肢麻痹、瘫痪，卧地不起，头贴地昏睡。反复发作，最终陷入昏迷而死亡。

【诊断】可根据过食含碳水化合物的谷物类饲料的病史，结合临床症状做出初步诊断。瘤胃穿刺，瘤胃液 pH 下降至 5.0 以下，血液 pH 降至 7.0 以下，血清转氨酶显著增高，尿呈酸性反应等，进行综合分析与论证，即可做出正确诊断。

【防治】注意饲料选择和调配，防止过食谷物饲料，日粮中加入 2% 小苏打可以预防疾病的发生。治疗时，第一是抑制乳酸产生和酸中毒；第二是应用抗组胺制剂，消除过敏反应；第三是强心输液，调节电解质，维持循环血量；第四是促进前胃蠕动，增强胃肠功能，

排除有毒物质；第五是保护肝脏，增强解毒功能；第六是镇静安神，降低颅内压，防止脑水肿。

1）小苏打 50g，加水 500mL 一次灌服。

2）5% 小苏打液 150mL，25% 糖盐水 500mL，10% 安钠咖 10mL，维生素 B_1 6mL，10% 维生素 C 20mL，氢化可的松 30mL，一次静脉注射。

五 肠痉挛

肠痉挛是由于受某种刺激而引起肠壁平滑肌发生痉挛性收缩，并以明显的间歇性腹痛为特征的一种真性腹痛，是羊的一种常见疾病。

【病因】主要是受冷，如突然饮冷水、气温降低、出汗后淋雨或被冷风侵袭、寒夜露宿、雨淋雪袭等。饲喂冰霜冷冻、霉烂腐败及虫蛀不洁的饲料，以及肠道寄生虫等，也可引起本病。

【症状】常在采食及饮水后突然发病。腹痛呈间歇性，发作期病羊起卧不安，前肢刨地，后肢踢腹，回头顾腹，倒地不起，严重时全身出汗，呼吸加快。病羊腹围正常，肠蠕动音亢进，连绵不断，甚者于数步之外都可听到，呈金属音。排便次数增多，粪便稀软，或粪球带水，附有黏液，有酸臭味。

【诊断】依据高朗连绵的肠音、松散稀软的粪便以及眼结膜颜色正常、口腔湿润、间歇性腹痛可做出诊断。

【治疗】治则以解痉镇痛为主，辅以制酵清肠。

解痉镇痛：30% 安乃近注射液 10mL，肌内注射，或者安痛定 20mL，肌内注射。阿托品 10mL 肌内注射。

制酵清肠：鱼石脂 10g，酒精 15mL，藿香正气水 20mL，一次灌服。当痉挛已被解除，腹痛消失之后，消化功能仍有障碍时，可用适量盐类缓泻，以清理肠道，如人工盐 30g，加水适量，一次灌服。

六 胃肠炎

胃肠炎是胃肠黏膜及黏膜下层发生的出血性、坏死性炎症，表现为腹泻、腹痛、严重胃肠机能紊乱和身体中毒症。

【病因】由细菌、病毒、寄生虫、霉菌等引起的，如误食腐败的作物秸秆、糟粕、霜冻的块根饲料、霉烂变质的饲料、有毒

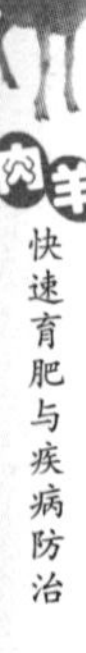

饲料、腐蚀性和刺激性毒物（砷、铅、铜、汞、硝酸盐等）引起的。

【症状】轻度的胃肠炎呈现胃肠卡他，主要病症是消化不良和粪便带黏液。重病羊食欲消失，体温升高，剧烈腹痛和腹泻，稀便中常混有血液、脓液、伪膜和组织条片。后期大便失禁或里急后重，脉搏变弱，常有间歇性腹痛，肌肉抖颤，痉挛而死。

【治疗】治疗原则是抗菌消炎、轻泻止泻、补液、解除酸中毒。

1）碱式碳酸铋4g，食母生4g，磺胺脒7g，小苏打4g，一次灌服，1日2次，连用3天。

2）10%小檗碱10mL，或诺氟沙星注射液10mL，一次肌内注射，每天2次，连续3天。

3）严重脱水者，采用复方氯化钠注射液250mL，诺氟沙星注射液30mL，10%葡萄糖注射液250mL，10%安钠咖注射液10mL，10%维生素C注射液30mL，一次静脉注射，或者右侧腹腔注射。

4）葛根5g、黄芩3g、黄芪3g、黄连3g、白头翁5g、金银花5g、连翘5g，研碎一次灌服。

七 羔羊腹泻

羔羊腹泻一般可分为消化性腹泻、细菌性腹泻和病毒性腹泻。

【症状】消化性腹泻：羔羊表现消化不良，体质虚弱。多数是由于初乳温度偏低或过量、受寒，使羔羊不能完全消化，导致排便次数增加，粪便呈浅黄色或灰白色，水样或糊状，带有酸臭味，有的粪便中带血，有轻微腹痛，逐渐消瘦，被毛粗乱，无光泽。

细菌性腹泻：呈急性型，体温上升，厌食，剧烈腹泻，脱水严重。病羔迅速衰竭，败血症死亡。少数病例粪便量少而黏稠，频频努责，肛门周围黏结粪便块，极度消瘦。皮肤失去弹性，体表感觉冰冷。

【治疗】以消炎、抗菌、补液，解除自体中毒为原则。

1）诺氟沙星粉5g，酵母片5g，小苏打5g，藿香正气水5mL，一次口服，1日2次，连服3天。

2）5%碳酸氢钠注射液20mL，糖盐水250mL，安痛定注射液

10mL，20%磺胺嘧啶钠30mL，一次静脉注射。

3）庆大霉素10mL，肌内注射。

八 感冒

感冒是由于气候骤变，受寒冷的袭击而引发的流清涕、流泪、呼吸加快、体表温度不匀为特征的急性发热性疾病。以幼羊多发，多发生在气候骤变和温差大的季节。

【病因】多是受寒冷的突然刺激所致。如羊舍条件差，下雪、下雨贼风袭击，外出雨淋等。

【症状】体温升高至40℃以上，食欲减退，精神沉郁、眼结膜充血、潮红，呼吸、心跳频率加快，伴有咳嗽，病情严重时，寒战，反刍停止，前胃弛缓。

【诊断】根据病史和临床症状即能诊断。

【治疗】以防寒保温，清热解毒为原则。防治方法是加强羊群管理，防止受寒，避免风吹雨淋，及时治疗。

1）复方氨基比林注射液10mL，氨苄西林1g，一次肌内注射，每天2次，连用3天。

2）柴胡注射液10mL，氨苄西林1g，一次肌内注射，每天2次，连用3天。

3）荆芥3g，紫苏3g，薄荷3g，煎水灌服，每天2次。

九 肺炎

肺炎是肺部细小支气管和肺泡的炎症。临床特征是呼吸面积减少而呈现出气喘、体温升高，表现为弛张热。

【病因】常由于感冒没能及时治愈而继发，或由于非特异性细菌在患体抵抗力下降时，趁虚繁殖，且毒力加强，使患体上呼吸道发生病变。继发于其他传染病。

【症状】病羊体温升高，心跳加快，咳嗽，呼吸困难，肺部听诊有干啰音或湿啰音，重者为捻发音，体温40～41℃。

【诊断】全面了解病史，认真观察，与其他传染病相区别。凡是由于受冷且表现咳嗽，支气管啰音，呼吸困难，体温升高呈弛张热，基本可诊断为本病。

【治疗】以消炎、去痰、止咳、平喘为原则。

1）复方氨基比林注射液 10mL，氨苄西林 1g，地塞米松 10mg，一次肌内注射，每天 3 次，连用 3 天。

2）甘草片 10 片，伤风止咳糖浆 20mL，一次口服，连续 3 天。

十 子宫脱出

子宫脱出是分娩后子宫自动脱出阴门外。

【病因】体弱母羊难产，低血钙，低血糖，产后努责等可引起子宫脱出。

【症状】子宫像一个梨样的肉袋脱出于阴道外，上面长有纽扣状的子宫阜，带有胎衣，深红色，很快发生水肿，体积增大，如果长时间脱出，会发生炎症、破裂和坏死。

【治疗】发生子宫脱出后，要立即设法将其送回体内。方法是先用 3% 明矾溶液或 20% 硫酸镁溶液淋洗脱出子宫，再把母羊后肢提高，呈倒立状，将子宫体涂抹红霉素软膏，从接近阴门部分开始向阴道内送入，待全部纳入后，再用手指伸入子宫内把所有的皱褶伸直，或用生理盐水注入子宫内，阴门采用水平扣状缝合 2 针。整复后，催产素 2mL，肌内注射，肌内注射氨苄西林 1g，安痛定注射液 10mL，以防感染。同时采用瘫痪方剂静脉注射。

十一 难产

难产是指羊在分娩过程发生中困难，不能将胎儿顺利排出产道。

【病因】母羊发育未全，提早配种，骨盆和产道狭窄，胎儿过大；营养不良，运动不足，体质虚弱，老龄或患有全身性疾病的母羊引起子宫及腹壁收缩微弱及努责无力，胎儿难以产出；胎位不正，羊水破裂过早；内分泌紊乱等。

【症状】羊的产程一般为 2 ~ 4h。母羊难产时，不能在规定的时间内排出胎儿，起卧不安，时有拱腰努责，回头顾腹，阴门肿胀，从阴门流出红黄色浆液，有时露出部分胎衣，有时可见胎儿蹄或头，但胎儿长时间不能产出。

【预防】不要在母羊未成熟前进行配种，尤其是公、母羊混群放牧的羊群更应注意。加强妊娠母羊的饲养管理，如母羊营养不良和瘦弱，则容易发生难产及其他疾病。分娩前要做好接羔助产的各项准备工作，分娩时要有专人负责，发现分娩过程有异常要及时助产。

【治疗】羊发生难产应及时助产，否则母仔不保。

保定及消毒：一般使母羊侧卧保定。助产器械需浸泡消毒，术者、助手的手及母羊的外阴处，用消毒液冲洗消毒。

胎儿、胎位检查：母羊分娩1h左右不能排出胎儿，将手伸入阴道内检查胎儿姿势及胎位，胎儿是否死亡。若胎儿有吸吮动作、心跳，或四肢有收缩活动，表示胎儿仍存活。

助产方法：当羊膜破裂20min不见胎儿双蹄或者嘴唇时立即助产。对于阵缩及努责微弱者，可皮下注射垂体后叶素、麦角碱注射液1~2mL。麦角制剂只限于子宫颈完全开张，胎势、胎位及胎向正常时使用。对于子宫颈扩张不全或子宫颈闭锁，胎儿不能产出，或骨骼变形，致使骨盆腔狭窄，胎儿不能正常通过产道者，可进行剖宫产，以保护母羊安全。

对胎儿已经腐败，可采用皮下截肢术，又称覆盖法接产法。将胎儿前肢皮肤与骨骼剥离开，切开下段皮块，用力牵拉前肢使羔羊肩关节脱臼，取出1肢。用同样的方法再取出另一前肢，最后牵拉头部，将胎儿拉出。

十二 精索炎

精索炎是公羊去势后并发症，是精索断端被感染后所引起的纤维素性—化脓性炎症。多与总鞘膜炎同时发生，常取慢性经过，最后形成精索瘘，有时引发破伤风。

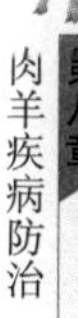

【诊断】精索断端肿胀，触诊疼痛，病羊体温升高，精神沉郁。一般在病后3~4天，由于渗出液浸入总鞘膜及阴囊壁，因而患侧阴囊肿大，继而向周围蔓延而引起包皮和腹下水肿。以后从创口流出脓性渗出液，并在其中混有精索断端组织碎片。由于精索断端及总鞘膜的结缔组织增生，可导致阴囊体积增大。

【防治】公羊去势要严格无菌技术，结扎精索血管，防止出血是根本，同时，阴囊内撒布消炎粉，伤口喷洒蜂胶外伤灵或5%碘酊。

治疗时，将阴囊全部清洗消毒后切开，清除坏死组织，用3%过氧化氢溶液清洗，肌内注射氨苄西林和安乃近。

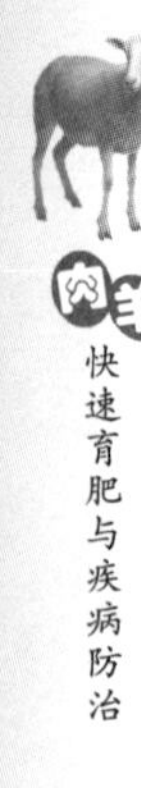

十三 关节炎与关节周围炎

关节炎是关节内膜的炎症。关节周围炎是在关节囊及韧带骶止部所发生的慢性纤维性和慢性骨化性炎症，但不损伤关节滑膜组织。此病多发生于腕关节、跗关节、系关节和冠关节。

【症状及诊断】患关节触诊热痛、肿胀，关节粗大，关节活动范围变小，运动有疼痛。不灵活，跛行。

【治疗】用氨苄西林 1g，蒸馏水 10mL，2% 普鲁卡因注射液 3mL，在关节周围分点注射。

十四 乳腺炎

乳腺炎是乳腺组织的炎症。表现为乳汁变性。

【病因】引起乳腺炎的因素很多，主要是羊舍卫生差、消毒不严、违规操作，致使金色葡萄球菌或链球菌侵入乳腺引起。一些疾病，如结核杆菌病、放线菌病、口蹄疫以及子宫疾病等都可继发乳腺炎。另外，母羊产羔后，因丧仔导致乳房内乳汁无法排出而肿胀发炎或因乳头创伤，细菌感染导致发炎。

【症状】乳房突然出现红肿、热、痛、硬，乳汁非常稀薄或颜色异常，带有脓血等异物。

【治疗】羊舍保持清洁、干燥、通风、保温，经常消毒。对发炎的乳房每天挤奶数次，而且要挤净，并热敷。可用青霉素 160 万国际单位，链霉素 100 万国际单位，生理盐水 30mL，2% 普鲁卡因 5mL，溶解后于乳房基底部注射，或者从乳头孔注射到乳腺内每天 2 次，连用 3 天，同时用 20% 磺胺噻唑 40mL，糖盐水 300mL，一次静脉注射，每天 1 次，连用 3 天。

十五 下颌脓肿

下颌脓肿是下颌部软组织中出现了肿汁积存。

【病因】由外伤感染，或芒刺损伤齿龈，诱发齿槽骨膜炎引起。

【症状】可见下颌骨部位肿胀，疼痛，穿刺流脓。

【治疗】手术切开脓肿排出脓汁，用 3% 双氧水（过氧化氢）和 0.1% 高锰酸钾溶液冲洗，后用 2% 碘酊棉球消毒。青霉素 160 万单位，生理盐水 10mL，2% 普鲁卡因 3mL，在脓肿周围分点注射。

十六 瘤胃运输应激综合征

瘤胃运输应激综合征是指在运输过程中所造成的瘤胃内环境失衡，菌群失调及神经体液调节紊乱，造成瘤胃消化功能紊乱综合征。

【症状】从异地长距离购入，体温、脉搏、呼吸正常，长期消化不良，采食量低下，瘤胃空虚、腹泻，不增重，个别羊衰竭死亡。

【防治】要养好羊，必须先养好瘤胃，养好瘤胃是指要调整好瘤胃微生物菌群，使得瘤胃微生物对纤维素和半纤维素等的降解处于最佳状态。羊进场分群之后，灌服微生态制剂和酶制剂。

微生态制剂含有瘤胃内的活菌，起到瘤胃微生物接种作用，迅速恢复瘤胃内细菌、纤毛虫的数量。含有酵母培养物能促进细菌、纤毛虫的繁殖、生长。它是舍饲育肥准备期，瘤胃有病阶段最好的药物。

酶制剂主要含有纤维素分解细菌、纤毛虫、乙酸菌、丁酸菌、丙酸菌、乳酸菌、酵母菌、芽孢杆菌。羊进食后，瘤胃微生物的数量和种类是不断变化的，首先是需氧菌在瘤胃中大量繁殖并消耗大量氧气，然后便是厌氧菌（如纤维素分解细菌和纤毛虫、乳酸菌等）大量繁殖。

活性酵母 1g，酵母培养物 2g，饲料酶 1g，口服补液盐 3g，加水 200mL，一次灌服，连续 3 天，或拌料饲喂。

十七 腹水症

腹水症是指腹腔液体增多，腹围增大。

【病因】黄曲霉毒素中毒，肝片吸虫病，蓝舌病造成的急性肝炎、肝坏死，均会出现腹水症。

【预防】停止饲喂霉菌污染的粗饲料，添加霉菌吸附剂，添加亚硒酸钠-维生素 E，添加氯化胆碱。

十八 脱肛

脱肛是指直肠脱出肛门外。

【病因】日粮粗饲料不足，粉碎过细，日粮中钙不足等。肛门发炎、过分努责造成，也可由寄生虫、公羊交配到直肠引起。

【症状】在肛门外看到粉红色的直肠脱垂，黏膜受损、发炎、溃疡。

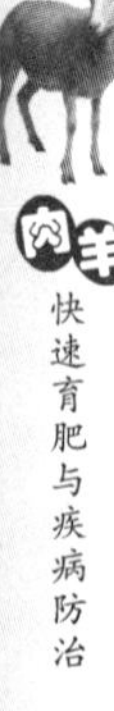

【治疗】用温水或盐水或0.1%高锰酸钾水溶液清洗脱出的直肠，用针头穿刺水肿的直肠黏膜，外涂硫酸镁粉剂，适当挤压，消除水肿，将羊后肢提起，呈倒立姿势，术者在脱出的直肠黏膜上涂抹红霉素软膏，用力将脱出的直肠送回原位，肛门四周皮肤做荷包缝合。直肠灌注石蜡油100mL。周围皮下注射青霉素+蒸馏水+普鲁卡因封闭治疗。每天用温水灌肠。预防：调整日粮，增加粗饲料，添加预混料。

十九 脑膜脑炎

脑膜脑炎是软脑膜及脑实质的一种炎性疾病。临床上以伴发高热、脑膜刺激症状、一般脑症状及局部脑症状为特征。

【病因】原发性脑膜脑炎：一般认为是由于传染性或中毒因素引起的。

传染性因素，主要是病毒感染；中毒因素，可见于铅中毒、食盐中毒、霉玉米中毒及各种原因引起的严重自体中毒。

继发性脑膜脑炎：多由邻近部位感染所引起，如颅骨外伤、角坏死、龋齿、额窦炎、中耳炎、眼球炎等。一些寄生虫病，如普通圆线虫病、脑脊髓丝虫病、脑包虫病等。饲养管理不当、过度使役、长途运输、感冒等不良因素，可促使本病的发生。

【症状】脑膜脑炎临床症状分为脑膜刺激症状、一般脑症状和局部脑症状。

脑膜刺激症状：以脑膜炎为主的脑膜脑炎，患病动物的颈部及背部感觉过敏，轻微刺激或触摸该部皮肤，即可引起强烈的疼痛反应，同时反射引起颈部背侧肌肉强直性痉挛，头向后仰。随着病程的发展，脑膜刺激症状逐渐减弱或消失。

一般脑症状：病初，表现轻度精神沉郁，头抵饲槽，呆立不动，反应迟钝。羊患脑膜脑炎时，常表现无目的前冲或后退，冲撞障碍物，并时常咩叫。羊在兴奋期，常向前乱冲，摇头，虚嚼，口吐泡沫。

局部脑症状：属于神经机能亢进的症状，有眼球震颤、斜视、瞳孔大小不等、鼻唇部肌肉痉挛、牙关紧闭及舌纤维性震颤等。属于神经机能减退的症状，有的唇歪斜，耳下垂，舌脱出，吞咽障碍，听觉减退，视觉丧失，味觉、嗅觉错乱。

【诊断】根据脑膜刺激症状、一般脑症状和局部脑症状，以及脑脊液检查嗜中性粒细胞数和蛋白含量增加，一般不难诊断，但确诊原因需实验检验。

【治疗】以降低脑内压，抗菌消炎及对症治疗为原则。

降低脑内压：25%山梨醇液和20%甘露醇液250mL+地塞米松10mg+呋塞米10mL，静脉注射。

抗菌消炎：应用糖盐水500mL+恩诺沙星20mL，静脉注射，每天2次；或20%磺胺嘧啶钠30mL，肌内注射，每天2次。

对症治疗：当病畜过度兴奋、狂躁不安时，可用溴化钠、水合氯醛、盐酸氯丙嗪等镇静剂。心脏功能不全时可应用安钠咖、樟脑等强心剂。

二十 胎衣不下

胎衣不下，又称为胎膜停滞，是指分娩后6h不能在正常时间内将胎衣完全排出的疾病。羊一般正常排出胎衣的时间，在分娩后4～6h。

【病因】产后子宫收缩无力，日粮中钙、镁、磷比例不当，引起低血钙。运动不足，消瘦或肥胖，使母羊虚弱和子宫弛缓。胎水过多，双胎及胎儿过大，使子宫过度扩张而继发产后子宫收缩微弱。难产后的子宫肌过度疲劳，以及雌激素不足等，都可导致产后子宫收缩无力。胎儿胎盘与母体胎盘黏着，子宫或胎膜的炎症，都可引起胎儿胎盘与母体胎盘难以分离而造成胎衣滞留。其中最常见的是感染某些微生物，如布氏杆菌、胎儿弧菌等。维生素A缺乏，能降低胎盘上皮的抵抗力易感染。羊的胎盘是结缔组织绒毛膜胎盘，胎儿胎盘与母体胎盘结合紧密，故易发生。受到环境应激分娩时，因外界环境的干扰而引起应激反应，抑制了子宫肌的正常收缩。有时胎衣虽已脱落，但因子宫颈管过早闭锁，或子宫角套叠，致使胎衣不能排出。

【治疗】可选用以下促进子宫收缩的药物治疗。

1）催产素10万单位，产后4h，肌内注射。

2）前列腺素2mg，肌内注射，隔日一次。

3）10%氯化钠溶液100mL，10%葡萄糖酸钙150mL，静脉注射，或生理盐水200mL＋土霉素0.25g，子宫灌注。

4）益母生化散100g加温水200mL，一次灌服。

二十一 子宫内膜炎

子宫内膜炎是子宫黏膜的炎症。子宫内膜炎非常容易导致发情紊乱或发情停止、屡配不孕、奶量下降，并可诱发乳腺炎，甚至导致全身感染，发生败血症死亡。

【病因】接产、配种、人工授精及阴道检查时消毒不严、难产、胎衣不下、子宫脱出及产道损伤之后，治疗不及时。阴道内存在的某些条件性病原菌，在机体抗病力降低时，诱发本病，如布氏杆菌病、副伤寒等。

【治疗】

（1）全身性抗生素治疗 羊产后发生子宫内膜炎，引起全身症状时应该使用全身性抗生素治疗方法。同时应注意抗生素的选择，最好能分离鉴定病原体，再根据药敏试验结果选择抗生素。如氨苄西林1g＋安乃近10mL，肌内注射。氟尼辛5mL，肌内注射。

（2）激素治疗 目前前列腺素F2α和前列腺素类似物已成为治疗羊子宫内膜炎最有前途的方法。前列腺素已开始取代抗生素成为治疗没有发生全身症状子宫内膜炎的主要治疗药物，并且在严重子宫内膜炎导致全身症状的病羊中提供辅助治疗。如前列腺素（PG）2mg，肌内注射，1天1次，连续2天。

二十二 流产

流产就是怀孕不足月分娩，又称妊娠中断。

【病因】流产的原因大致分为传染性流产及非传染性流产两类。

1）传染性流产是由传染病和寄生虫病所引起的。又分为自发性流产和症状性流产两种。

① 自发性流产：胎膜、胎儿及母羊生殖器官，直接受微生物或寄生虫侵害所致。如布氏杆菌病、胎毛滴虫病、衣原体病、黏膜病毒病等。

②症状性流产：流产只是某些传染病和寄生虫病的一个症状。如结核病、附红细胞体病等。

2）非传染性流产也分为自发性流产和症状性流产两种。

自发性流产：以胎儿及胎膜的畸形发育与疾病所致者比较多见。胎膜异常，胎膜无绒毛或绒毛发育不全，多为近亲繁殖的结果。流产后，要注意检查胎儿及其附属膜。尿囊液过多，在妊娠中后期，母羊腹围增大过快或特大。其原因，是由于胎儿与母体之间不协调，以及胎盘功能不良所致，见于子宫动脉或脐带动脉扭转、子宫内膜发生变性坏死、胎儿发育不良等。胎盘坏死及胎膜炎症，多由于前一胎流产后对子宫处理不彻底而宫内尚有炎症时受胎所致，故应在流产后认真处理子宫，以防再流产。

症状性流产：饲养性流产，饲料数量不足和饲料营养价值不全（特别是蛋白质、维生素 E 和维生素 A、钙、磷、镁的缺乏），以及给予霉败、冰冻和有毒饲料，使胎儿营养物质代谢障碍所致。损伤及管理性流产，跌摔、顶碰、挤压、惊吓等，使母羊子宫及胎儿受到直接或间接的冲击振动而引起。疾病性流产，母羊生殖器官疾病及功能障碍，严重大失血，疼痛，腹泻，以及高热性疾病和慢性消耗性疾病，使胎儿或胎膜受到影响所引起。药物性流产，给予子宫收缩药、泻药及利尿药、前列腺素、地塞米松等所致。习惯性流产，为同一孕畜发生两次以上流产，可能与近亲繁殖、内分泌功能紊乱和应激性有关。

【症状】有以下 5 种表现。

（1）胎儿消失（隐性流产）　妊娠初期，胚胎的大部分或全部被母体吸收。常无临床症状，只在妊娠后（羊经 40 ~ 60 天），性周期又重恢复而发情。

（2）排出未足月胎儿　①小产（半产）：排出未经变化的死胎，胎儿及胎膜很小，常在无分娩征兆的情况下排出，多不被发现。②早产：排出不足月的活胎，有类似正常分娩的征兆和过程，但很不明显。常在排出胎儿前 2 ~ 3 天，乳腺及阴唇突然稍肿胀。早产的胎儿，虽活力很低，仍应尽力救养。

（3）胎儿干尸化　胎儿死于子宫内，由于黄体存在，故子宫收

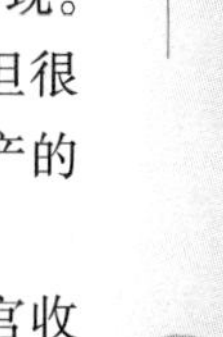

缩微弱、子宫颈闭锁，因而死胎未被排出。胎儿及胎膜的水分被吸收后体积缩小变硬，胎膜变薄而紧包于胎儿，呈棕黑色，犹如干尸。母羊表现发情停止，但随妊娠时间延长腹部并未继续增大。

（4）胎儿浸溶 分娩前几天，胎儿死于子宫内，由于子宫颈开张，非腐败性微生物侵入，使胎儿软组织液化分解后被排出，但因子宫颈开张有限，故骨骼存留于子宫内。患畜表现精神沉郁，体温升高，食欲减退，腹泻，消瘦；随努责见有红褐色或黄棕色的腐臭黏液及脓液排出，且常带有小短骨片；黏液沾污尾及后躯，干后结成黑痂。阴道检查，子宫颈开张，阴道及子宫发炎，在子宫颈或阴道内可摸到胎骨。

（5）胎儿腐败分解（气肿胎儿） 胎儿死于子宫内，由于子宫颈开张，腐败菌（厌气菌）侵入，使胎儿内部软组织腐败分解，产生的硫化氢、氨、丁酸及二氧化碳等气体积存于胎儿皮下组织、胸腹腔。病羊表现为腹围膨大，精神不振，呻吟不安，频频努责，从阴门流出污红色恶臭液体，食欲减退，体温升高；阴道检查，产道有炎症，子宫颈开张，触诊胎儿有捻发音。

【治疗】针对不同情况，采取对应措施。对有流产征兆（胎动不安，腹痛起卧，呼吸、脉搏增数等）而胎儿未被排出及习惯性流产，应全力保胎，以防流产。可用黄体酮注射液10mg，肌内注射，每天1次，连用3次。

胎儿死亡，且已排出，应调养母羊，促进胎衣排出，防止子宫感染。胎儿已死，若未排出，则应尽早排出死胎。可用前列腺素2mg，催产素10万单位，氨苄西林1g＋安乃近10mL，肌内注射。

小产及早产的治疗，可灌服益母生化散50g。胎儿干尸化的治疗，灌注灭菌液状石蜡100mL于子宫内后，将死胎拉出，再以复方碘溶液冲洗子宫。当子宫颈口开张不足时，可肌内或皮下注射前列腺素2mg，己烯雌酚4mL，促使黄体萎缩、子宫收缩及子宫颈开张，待子宫颈开放较大后，拉出胎儿。

胎儿浸溶及腐败分解的治疗，尽早采取皮下截肢技术将死胎组织和分解产物排出，并按子宫内膜炎处理，同时应根据全身状况配以必要的全身抗菌疗法。

二十三 卵巢功能减退

卵巢功能减退是卵巢的发育或卵巢的功能发生暂时性或长久性的衰退，致使母羊发情周期或性周期停止，从而表现出不发情或发情停止的疾病。

引起卵巢功能减退的疾病有卵巢发育减退，卵巢静止，卵巢萎缩，卵巢硬化及持久黄体。

【病因】饲料长期饲喂量不足或质量不高，特别是蛋白质、维生素 A 及维生素 E 的缺乏，或慢性消耗性疾病，使母羊过多消耗营养，引起脑垂体产生尿促卵泡素（FSH）的功能降低。此外，气候过热、过冷或骤变，以及其他生殖器官疾病，都可引起卵巢功能减退。

【症状及诊断】本病的特征是不发情，有的母羊到应该发情的年龄而无发情表现，有的母羊在分娩以后长期不见发情，有的母羊在分娩后只见出现 1～2 次发情，以后长期不再发情。

【治疗】改善饲养管理，并配合激素治疗，常能取得较好效果。

激素疗法，有下列四种激素可以应用。

1）尿促卵泡素（FSH）。羊肌内注射 5 万～10 万国际单位，每日或隔日一次。

2）绒毛膜促性腺激素（HCG）。羊 50 国际单位，静脉或肌内注射。间隔 1～2 天后重复注射。

二十四 持久黄体

妊娠黄体或周期黄体超过正常时限而不消退，仍继续保持在卵巢上导致母羊发情障碍，称为持久黄体。在组织结构和对机体的生理作用方面，持久黄体与妊娠黄体或周期黄体没有区别。持久黄体同样可以分泌黄体酮，抑制卵泡发育，使发情周期停止循环，因而引起不育。此病多见于羊，而且多数继发于子宫疾病。

【病因】舍饲时，运动不足、饲料单纯、缺乏矿物质及维生素等，都可引起黄体滞留。持久黄体容易发生于产乳量高的母羊。冬季寒冷且饲料不足，常常发生持久黄体。此病也和子宫疾病有密切关系：子宫炎、子宫积脓及积水、胎儿死亡未被排出、产后子宫复旧不全、部分胎衣滞留及子宫肿瘤等，都会使黄体不能按时消退，

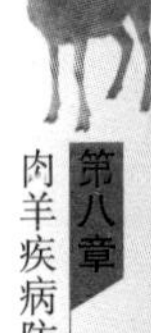

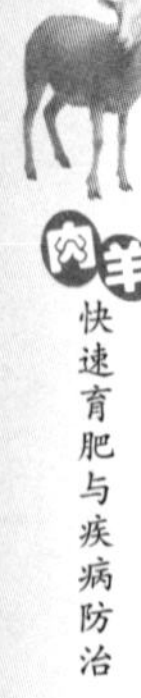

而成为持久黄体。

【症状及诊断】特征是发情周期停止，空怀母羊不发情。

【治疗】治疗持久黄体首先也应从改善饲养管理条件及治疗生殖系统疾病着手。

前列腺素 F2α 及其类似物是疗效确实的溶黄体剂，应用之后绝大多数可在 3～5 天之内发情。

前列腺素 F2α 2mg，肌内注射，连续用药 2 次。

二十五 卵巢囊肿

卵巢囊肿可分为卵泡囊肿和黄体囊肿两种。卵泡囊肿是由于卵泡上皮变性、卵泡壁结缔组织增生变厚、卵细胞死亡、卵泡液未被吸收或者增多而形成的。黄体囊肿是由未排卵的卵泡壁上皮细胞黄体化而形成的，因而又称为黄体化囊肿。在正常排卵之后，由于某些原因，黄体化不足，在黄体化内形成空腔，腔内聚积液体而形成的一种异常状态称为囊肿黄体，它和以上两种囊肿在外形上有显著的不同，有一部分黄体组织突出于卵巢表面。

卵泡囊肿的主要特征是无规律的频繁发情和持续发情，甚至出现慕雄狂；黄体囊肿则长期不表现发情。

慕雄狂是卵泡囊肿的一种症状表现，其特征是持续而强烈地表现发情行为。但并不是所有的卵泡囊肿都具有慕雄狂的症状，也不是只有卵泡囊肿才能引起慕雄狂。卵巢炎、卵巢肿瘤以及内分泌器官（脑下垂体、甲状腺、肾上腺）或神经系统（主要是丘脑下部）功能紊乱都可发生慕雄狂。后一种情况，检查卵巢找不出任何变化，有时卵巢体积甚至缩小。

【病因】引起卵巢囊肿的原因，目前尚未完全研究清楚。用促黄体素及有关的制剂治疗囊肿，效果很好，这可以说明囊肿和内分泌失调有关，即促黄体素分泌不足或促卵泡素分泌过多，使排卵机制和黄体的正常发育受到扰乱。从实践来看，下列因素可能影响排卵机制。

1）饲料中缺乏维生素 A 或含有多量的雌激素。

2）垂体或其他激素腺体功能失调以及使用的激素制剂不当，例如注射雌激素过多，可以造成囊肿。

3）子宫内膜炎、胎衣不下及其他卵巢疾病可以引起卵巢炎，使排卵受到扰乱，因而也与囊肿的发生有关。

4）在卵泡发育过程中，气温突然变化，如寒冷。

【症状及诊断】患卵泡囊肿母羊，发情表现反常，如发情周期变短，发情期延长，以至发展到严重阶段，持续表现强烈的发情行为，而成为慕雄狂，性欲亢进并长期持续或不定期地频繁发情，喜爬跨或被爬跨。经常发出犹如公羊的吼叫，对外界刺激敏感。外阴部充血、肿胀，触诊呈面团感。阴道经常流出大量透明黏稠分泌物等。

【治疗】在改善饲养管理条件的同时，选用以下疗法。

1）绒毛膜促性腺激素（HCG）具有促黄体素的效能，对本病有较好的疗效。静脉注射为1000国际单位。如果不见效，可再注射。

2）若经绒毛膜促性腺激素治疗3天无效，可选用下列药物：

① 黄体酮：50mg，肌内注射，每天1次，连用4天。

② 地塞米松：10mg，肌内注射，隔日一次，连用3次。

【预防】给以全价日粮，并富含维生素A及维生素E，防止精饲料过多，适当运动，防止过度疲劳和运动不足，对正常发情的母羊，要适时配种或受精。对其他生殖器官疾病，应及早合理地治疗。

附　录

附录 A　羊口蹄疫、羊痘、布鲁氏菌病免疫技术及免疫程序

免疫接种是疫病防控最重要的措施之一，成功的免疫措施不仅需要合格、有效的疫苗制品，而且需要规范的接种操作和科学适用的免疫程序，更重要的是建立一套可追溯的免疫标志和档案管理制度。

一　疫苗选择

选择（有）由农业部正式批准文号并由正规兽药企业生产的疫苗，且各（绒毛）羊场应根据自身的实际情况合理地选用抗原匹配性最佳的疫苗。目前市售羊有口蹄疫、羊痘、布鲁氏菌病、羊梭菌病、大肠杆菌病口蹄疫疫苗有以下几种：

1. 口蹄疫疫苗

名称：口蹄疫 O 型—亚洲 1 型—A 型三价灭活疫苗

为乳白色或浅粉红色略带黏滞性的均匀乳状液，2～8℃保存，有效期 1 年。

作用与用途：用于预防 O 型、Asia1 型口蹄疫和 A 型口蹄疫。注射后 15 日产生免疫力，免疫期 6 个月。

用法与用量：羊颈部深部肌内注射，每只 1～2mL。

2. 羊痘疫苗

名称：山羊痘细胞化弱毒冻干疫苗

作用与用途：用于预防山羊痘及绵羊痘。接种后 4～5 日产生免疫力，免疫期 12 个月。

用法与用量：尾根内侧或股内侧皮内注射。按瓶签注明头份，用生理盐水（或注射用水）稀释为每头份 0.5mL 。不论羊只大小，每只注射 0.5mL。

3. 布鲁氏菌疫苗

在布鲁氏菌病非疫区禁止使用疫苗免疫，应该直接通过检疫淘汰阳性羊进行控制和净化；只有在感染严重的疫区才使用疫苗进行控制，然后逐步通过检疫淘汰的方法逐步净化。目前羊常用的疫苗有猪型2号弱毒苗、羊型5号弱毒苗及羊19号弱毒苗。

（1）冻干布鲁氏菌猪2号弱毒疫苗

注射免疫：用灭菌生理盐水将疫苗稀释成每毫升含50亿菌，肌内注射1mL。

饮水免疫：大群羊饮水免疫前一天，必须断绝饮水。按每只羊饮服200亿菌计算，分2天饮服。每只羊饮服25亿~1000亿菌均安全有效。免疫期：山羊1年，绵羊1.5年。须在配种前1~2个月进行免疫，3月龄以下的羔羊不能进行免疫。

（2）冻干羊布鲁氏菌羊5号弱毒疫苗 用于绵羊和山羊，免疫期为一年半。配种前1~2个月进行，妊娠羊禁用。

注射免疫：羊免疫时用生理盐水将菌稀释成每毫升50亿菌，股内侧皮下注射，每只羊1mL。

气雾免疫：圈舍内气雾免疫，用生理盐水将疫苗稀释成每毫升含100亿菌，装入喷雾器进行喷雾。羊群每立方米的空间50亿菌。将羊赶入室内，关闭门窗进行喷雾，使喷头与羊等高，均匀喷射。喷完后让羊只在室内停留20~30min。

（3）羊19号弱毒苗 用于预防绵羊的布鲁氏菌病，有液体疫苗和冻干疫苗。

免疫剂量：绵羊的免疫量为300亿~400亿菌。用液体免疫时，皮下注射每只羊2.5mL。用冻干疫苗免疫时，先按每瓶计算含活菌数，用生理盐水溶解和稀释成每毫升含120亿~160亿菌，然后按疫苗剂量注射。绵羊在每年配种前1~2个月注射疫苗1次。妊娠期间严禁注射。免疫期为9~12个月。

二 免疫程序

疫苗注射应根据疫苗种类和羊群免疫抗体水平制定适宜的免疫程序，并严格按免疫程序实施免疫接种工作。针对口蹄疫、羊痘、布鲁氏菌病这几种主要的羊传染性疾病，其中口蹄疫、羊痘必须先

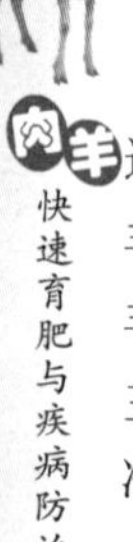

通过免疫接种进行控制，然后再通过检测、淘汰感染动物进行消除。羊布鲁氏菌病由于其对人的危害严重，应该直接通过检疫淘汰阳性羊进行控制和净化，而不主张用疫苗进行免疫控制再消除。因此，主要针对口蹄疫、羊痘这两种病制定免疫程序进行控制，最终达到净化的目标。可根据突发事件和实际情况临时更改免疫程序。

1. 羊免疫程序

为了减轻羊场兽医的工作强度，同时避免反复刺激羊只，本程序将口蹄疫、羊痘一次免疫，具体程序如下：

（1）羔羊 出生后2个月首免（春羔大概在6月左右），颈部一侧肌内注射口蹄疫三价灭活苗0.5mL/只，同时尾根内侧或股内侧皮内注射山羊痘细胞化弱毒冻干疫苗0.5mL/只；在首免后间隔1个月再按上述剂量加强接种1次口蹄疫疫苗，以后每6个月按1mL/只重复接种1次口蹄疫疫苗。

（2）生产母羊 母羊在分娩前2个月（产春羔母羊在2月中旬左右），颈部一侧肌内注射口蹄疫三价灭活苗1mL/只，同时尾根内侧或股内侧皮内注射山羊痘细胞化弱毒冻干疫苗0.5mL/只；以后每6个月重复接种1次口蹄疫疫苗。

（3）种公羊 每年2月中旬左右第一次免疫，颈部一侧肌内注射口蹄疫三价灭活苗1mL/只，同时尾根内侧或股内侧皮内注射山羊痘细胞化弱毒冻干疫苗0.5mL/只；以后每隔6个月按1mL/只重复接种1次口蹄疫疫苗。

（4）补免措施 免疫后1个月，经检测，针对免疫抗体产生不佳的羊，用相应的疫苗进行补免。

（5）异地舍饲育肥羊免疫程序 移入本地经过2周的预饲期，健康羊注射口蹄疫三价苗，第15天再加强免疫1次。

2. 紧急免疫

在周边羊群或本场发生口蹄疫和羊痘疫情时，要对疫区、受威胁区域的全部羊只进行一次强化免疫。

三 免疫接种操作方法及注意事项

免疫前要严格做好接种用器具（如注射器、针头、镊子以及有关容器等）的消毒准备工作。

1）注射器：使用兽用可定量的注射器，注意注射器定量卡是否松动。使用前用高压蒸汽灭菌或煮沸消毒法消毒至少15min。

2）针头：使用9～12号针头，针头的消毒应采用高压蒸汽法进行。

3）毛剪和镊子：使用前应高压蒸汽灭菌或煮沸消毒法消毒至少15min。

4）灭菌后的注射器与针头应放置于无菌盒内备用，也可使用一次性注射器和针头。

免疫接种工作须由兽医防疫人员或养殖场兽医人员执行；加强对养殖场兽医人员的技术培训，严格遵守接种操作的细节要求。接种前应备有足够的碘酊棉球、注射器、针头、抗过敏药物以及免疫记录本等。坚持实行“一畜一针头”的接种规定。注射时应适当保定，严禁使用“飞针”注射。接种前将疫苗缓慢充分摇匀。疫苗在使用过程中应保存在保温箱内，注意防冻、防晒，油苗必须在2～8℃之间保存，切不可冻结。吸出的疫苗不可回注于瓶内，每瓶疫苗启用后，限当日用完，超过24h则应废弃。

按照产品说明书中规定的剂量免疫；注射部位要准确，羊注射部位为颈部上1/3处，斜向后方向进针并与皮肤表面呈45°角，疫苗要确保注入深层肌肉内，绒毛羊由于被毛密，注射部位应剪毛后再用碘酊或70%酒精棉球擦净消毒；接种前应仔细定量，确保免疫剂量准确足量；吸取疫苗时应在疫苗瓶塞边缘插入1支进气针头，吸苗针头应从瓶塞中央进入并固定在瓶塞上专用于吸取疫苗，另安装注射针头用于疫苗接种，进气针头、吸苗针头和注射针头三者之间应严格分开使用，注射器严禁在疫苗瓶内排空气；在注射针头上覆盖棉球，将针筒排气溢出的疫苗液吸积于棉球上，并将其收集于专用瓶内集中处理，不能随处丢弃。

四 免疫应激反应的预防及处置

通常大多数羊在接种疫苗后不会出现明显的不良反应，而少数羊常常会出现一过性的精神沉郁、食欲下降、注射部位出现短时轻度炎性水肿等局部或全身性异常表现，这都是注苗后的正常反应。但有时会发生反应程度严重（如过敏反应，表现为缺氧、黏膜发绀、

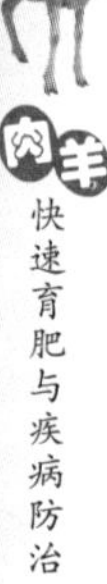

呼吸困难、口流涎沫、全身肌肉颤抖、出汗、呕吐、虚脱或惊厥等临床症状）或出现反应的动物数量较多的情况，原因通常是由于疫苗的质量低劣、注射剂量过大、操作错误、接种途径或使用对象不准等因素引起。此时需要采取一些预防和应急措施最大限度地减少注苗不良反应和损失的发生。

1）接种前后1周内饲料中可适当添加小剂量的左旋咪唑、亚硒酸钠和维生素E等免疫增强剂类物质；不要使用肾上腺素类的激素药物或免疫抑制性药物（如链霉素、新霉素、卡那霉素、四环素、磺胺等）或抗病毒药物。

2）在免疫接种前必须进行羊群健康状态、体质等生理状况的检查，病弱羊、妊娠羊可暂缓接种，其免疫严格按说明书要求进行及时补免。

3）免疫接种最好选择在温度适宜、天气晴朗的时候进行，尽量避开阴雨天，夏季在早晚凉爽时进行，冬天在中午温暖时进行。

4）免疫接种前应尽可能避免羊群剧烈活动（如长途运输、转群、采血等），防止羊群处于应激状态，在接种过程中采取必要措施以避免过分驱赶或捕捉。

5）免疫后须让羊群适当安静休息，同时配制0.04%多维电解质水供其自由饮用，并密切观察是否出现异常反应，对持续表现高热的羊除了供给充足的多维电解质水之外，还需采取退热措施。

6）应激反应的应急处理措施：

一般反应：个别羊注射疫苗后出现轻度精神萎靡或不安，食欲减退和体温稍高等情况，一般不需要治疗，将其置于适宜环境下1～2天，症状即可自行减轻或消失，不必采取治疗措施。

急性反应：极个别羊注射疫苗后可能出现急性过敏反应，气喘、呼吸加快、眼结膜充血、发抖、皮肤发紫、口吐白沫、时常排粪、后肢不稳或倒地抽搐，如果抢救不及时很可能死亡。一般需尽快肌内注射盐酸异丙嗪100mg；肌内注射地塞米松磷酸钠10mg（孕畜不用）；皮下注射0.1%盐酸肾上腺素1mL。若发生过敏反应，羊体温超过40℃，可注射复方氨基比林；若发生过敏反应的羊心脏衰竭、皮肤发绀，可注射安钠咖。注意保温，并给予充足、干净的饮水。

最急性反应：迅速皮下注射0.1%盐酸肾上腺素1mL，20min后根据缓解程度，可重复同剂量再注射1次；肌内注射盐酸异丙嗪100mg；肌内注射地塞米松磷酸钠10mg（孕畜不用）。

五 动物标志与免疫档案

1）羊场应每季度提前向动物防疫主管部门申报养殖数以及所需的动物标志数量。

2）对羊实施免疫接种后须按照《畜禽标识和养殖档案管理办法》中的规定，建立免疫档案，加施牲畜标志。

3）免疫接种后应及时认真地填写免疫接种记录表，内容包括疫苗名称、接种日期、舍号、栏号、年龄、免疫头数、免疫剂量、疫苗信息（类别、生产厂家、有效期、批号等）以及接种人员，针对每一只羊建立规范性的免疫档案。

4）免疫注射后应进行免疫抗体水平的检测和免疫效果评价。

附录B 羊口蹄疫、羊痘、布鲁氏菌病监测技术

监测是疫病防控和流行病学调查的重要内容和手段之一，所有影响疫病发生与扩散的风险因素都属于疫情监测的范围。而羊口蹄疫、羊痘、布鲁氏菌病发生风险的监测内容主要是场区环境带毒检测、场区外环境的疫情调查、羊群过往活动情况、羊群带毒情况以及羊群免疫状况等。羊口蹄疫、羊痘、布鲁氏菌病、羊梭菌病监测的技术措施，适用于羊群感染监测、免疫抗体评价等。

一 监测范围

（1）牲畜 养殖场内所有易感家畜（如猪、牛、羊等）发病、带毒及抗体水平的检测。

（2）场区内环境 圈舍、饲料、饮用水等带毒检测。

（3）场区外环境 关注养殖场周边范围内的疫情动态，包括疫情调查、场区附近牲畜过往活动情况等。

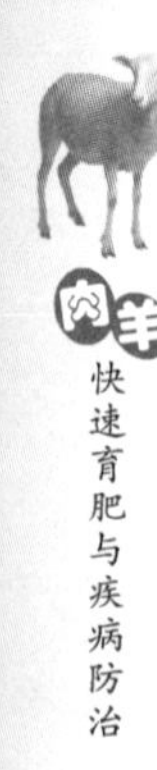

二 监测频率

1. 集中监测

每年1次，分春季或秋季进行。春季集中监测在5月底前完成，秋季集中监测在11月底前完成。

2. 日常监测

由各养殖场根据生产实际情况随时自行进行，必要时结合当地传染病流行状况增加监测次数。一旦发现疑似病例，应紧急封锁疫点、控制发病羊及同群羊，并立即报告相关部门。

三 监测内容和方法

1. 临床检查

由饲养员负责每日例行的临床检查，即仔细观察羊群中是否有表现羊口蹄疫、羊痘、布鲁氏菌病临床典型症状的羊。一旦发现异常情况，应立即报告养殖场负责人和兽医诊疗室工作人员。

2. 实验室检测

由养殖场兽医诊疗室（若技术和装备条件允许）或其他专业的实验室实施，进行血清样品的抗体检测。

（1）口蹄疫检测

1）免疫抗体检测。液相阻断酶联免疫吸附试验（LB-ELISA）用于口蹄疫免疫抗体水平的检测和评价，是OIE推荐的国际标准方法之一。根据口蹄疫的流行和免疫情况，有时需检测多个血清型的免疫抗体。

正向间接血凝试验（IHA）适用于口蹄疫免疫抗体水平的大规模普查。虽非国际标准方法，但因其操作简便、价廉，在基层兽医实验室仍有较大应用价值。

2）感染状况检测。感染抗体检测：即非结构蛋白酶联免疫吸附试验（NSP-ELISA）。用于口蹄疫感染抗体（即非结构蛋白的抗体）的检测，是OIE推荐的国际标准方法之一，其检测结果是判定牲畜是否感染口蹄疫的主要依据。

感染、带毒检测：对感染性抗体（即NSP-ELISA）检测呈阳性的羊，抽取病原样品（一般为咽喉部分泌物）送相关实验室进行病毒检测。检测方法可采用RT-PCR或进行病毒分离试验。

（2）羊痘检测

1）免疫抗体检测。细胞中和试验进行抗体检测，用于对免疫羊群血清抗体评价，是 OIE 推荐的国际标准方法之一。

2）感染状况检测。羊痘具有明显可见的特征性症状，通常采用活体临床检查，在体表，尤其是口鼻、舌面、乳房及尾根等无毛处可见大小不等的痘疹，较为严重的有溃疡灶，即可确诊。对非典型羊痘病例及血清学调查，可采用细胞中和试验检测抗原或 PCR 方法进行确诊。

（3）布鲁氏菌病检测 由于该病不进行免疫预防，因此根据病原学检查、血清学检查进行诊断或感染状况检测。

1）病原学检查。有抹片检查、分离培养及 PCR 检测三种方法，用于感染羊的确诊。

抹片检查取胎盘绒毛叶组织、流产胎儿胃液或阴道分泌物做抹片，用改良的齐尔-尼尔森石炭酸复红原液染色 10min，用 0.5% 醋酸溶液脱色 20s，冲洗后，用 1% 美蓝复染 20s，镜检。布鲁氏菌染成红色，背景为蓝色。布鲁氏菌大部分在细胞内，集结成团，少数在细胞外。可初步诊断。

分离培养鉴定是进一步诊断布鲁氏菌病最可靠的方法，只要从病羊体内或排出物中发现病原体即可确诊。但由于患病动物身体状态、感染时期和发病过程等原因，往往不易检查出病原。因此，在进行分离培养时，应选择产后采集胎儿、产后排出物及病羊的网状内皮细胞等，用适宜培养基分离培养才能成功。细菌分离成功后再进行染色镜检、细菌生化试验及菌落与布鲁氏菌阳性血清凝集试验即可确诊。

PCR 检测方法操作简单、省时、检出率高，是目前广泛采用的方法。样品采集同病原分离培养方法，主要采集胎儿、产后排出物及病羊的网状内皮细胞等作为检测样品。

2）血清学检查。平板凝集试验与试管凝集试验是临床上用于检测该病的常用方法，平板凝集试验简便易行，方便快捷，常用于样品的初步检测，但其检出阳性率较高，常有假阳性出现，因此对阳性者再用试管凝集试验复检，便可快速得出更加准确的结果。此方法适用于大规模筛查，经筛查阳性者进一步进行病原学

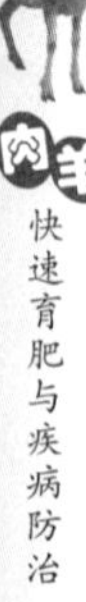

检测确诊。

四 样品采集

1. 采样原则

根据检验目的采集相应样品，采集的监测样品要有代表性，样品的采集、保存、送检运输要按照国家有关法规和行业技术标准进行。

2. 采样数量

样品采集总量应根据养殖场实际的养殖规模确定。基本原则是必须符合统计学要求，1000 只以上的羊群按 5% 比例采样，1000 只以下按 10% 采样，最少样本数 30 份。抽样检测阳性群，或净化工作阶段性验收时，需全部采样彻查。

3. 采样时间

为监测养殖场羊群血清抗体水平，评估疫苗免疫效果，应分别在注射疫苗前和注射疫苗后 30 天采集血清样品 1 次进行检测。

五 免疫效果的评价

羊群免疫抗体合格率大于或等于 70% 时，表明群体的免疫水平达到要求。未达抗体合格标准的，应及时进行补免。

附录 C 羊口蹄疫、羊痘、布鲁氏菌病控制、净化技术实施程序

对重要疫病的控制、最终净化是保障规模化养殖场生物安全、提高养殖效益的重要措施之一。对于羊口蹄疫、羊痘、布鲁氏菌病、羊梭菌病、大肠杆菌病来说，控制和净化方案主要包括管理、消毒、免疫、感染监测、隔离、淘汰阳性畜等技术环节。

1. 加强饲养管理水平，严格执行各项规章制度

各羊场应该根据本场实际情况制定和完善管理制度并严格执行，各岗位人员各司其职，严格遵守各项规章制度，管理人员应经常监督检查各项制度是否落实到位。在周边出现疫情时，所有人员应该坚守各自工作岗位，严格遵守各项规章制度，做好隔离措施，同时禁止任何闲杂人员进出场区，本场所有人员进入场区前均应做好彻底消毒措施。

2. 做好消毒工作

消毒包括日常预防性消毒和紧急消毒。预防性消毒一般选择高效、广谱的消毒剂，能对所有微生物起到有效杀灭作用。紧急消毒是在周边动物或本场发生传染病时采取的措施，此时应根据病原种类选择对其具有特异、高效杀灭作用的消毒方法或消毒剂。

（1）口蹄疫 对口蹄疫病毒来说，圈舍熏蒸可选择甲醛；各种环境消毒可选择0.5%过氧乙酸喷雾、2%～3%氢氧化钠溶液或10%～20%石灰乳喷洒，也可以选择市售的对口蹄疫病毒具有杀灭作用的消毒药，具体使用方法应严格按照说明书使用；带畜消毒可选择强力消毒灵；人员消毒可选择0.2%柠檬酸或新洁尔灭等溶液；水源消毒可选择漂白粉，每100kg水加1g漂白粉。但应该注意的是醇类消毒剂（如酒精、甲醇、异丙醇）对口蹄疫病毒无杀灭作用，季铵盐和酚类消毒剂对口蹄疫病毒杀灭效果差，不选用。

（2）羊痘 痘病毒是结构最为复杂的病毒，对冷及干燥有较强的抵抗力，冷冻干燥条件下可保存3年不失活。对热抵抗力不强，55℃条件下20min或37℃条件下24h可失活。对酸敏感，在pH为3的环境下可逐渐失活，紫外线也可将其灭活。由于痘病毒为有囊膜病毒，对有机溶剂敏感，如醇类消毒剂（如酒精、甲醇、异丙醇）、氯仿等。根据痘病毒以上特点，通常选择甲醛熏蒸圈舍；各种环境消毒可选择0.5%过氧乙酸及其他酸性消毒剂喷雾；带畜消毒可选择强力消毒灵；人员消毒可选择碘溶液或新洁尔灭等溶液或紫外线照射；水源消毒可选择漂白粉，每100kg水加1g漂白粉。

（3）布鲁氏菌 布鲁氏菌和大肠杆菌均对外界环境抵抗力强，但对消毒剂比较敏感，多种消毒剂对其均有效。因此，羊痘或口蹄疫的消毒方法均可采用。

3. 对全场所有羊只进行血清学或病原学检测，及时淘汰阳性羊

口蹄疫感染性抗体检测阳性或病原学检测阳性，应及时淘汰阳性羊；羊痘，如果观察到疑似病羊应及时隔离，同时进行病原学检

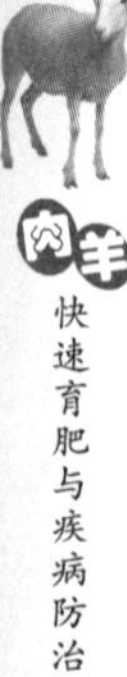

测，如果为阳性应及时淘汰；布鲁氏菌，如果在非免疫羊群中检测到抗体阳性，应及时淘汰。

4. 坚持自繁自养，商品羊整群进整群出

规模化羊场应该坚持自繁自养的原则，商品羊出栏时尽量整群进整群出；确实需要引种，引进的羊只需严格检疫，并在引进后隔离饲养观察2周以上，确证健康后方可混群。

5. 按免疫程序进行疫苗接种

每个羊场应按本场实际情况制定免疫程序并严格执行，每次免疫后应进行免疫效果抽样检查，如果出现免疫失败，应及时补免；此外，在周边出现疫情时应加强免疫1次。

6. 采用临床监测和实验室监测相结合的方式，准确、及时地进行免疫水平及疫情监测

羊场兽医应随时密切观察羊群健康状况，如果出现疑似病例时，应及时进行详细的临床检查和实验室检测，进行确诊；同时应该坚持1年3次或1年2次免疫抗体、感染抗体及病原学抽样检测，进行疫情预警和疫情监测。

7. 制定合理的羊场疫病控制和净化标准

一年内未出现任何病例，1年或1.5年内连续2次或3次免疫抗体检测合格、感染监测为阴性，连续组织3次传染病风险评估结果为低风险甚至无风险，符合以上3个条件则定为该种疫病控制；如果连续2年未出现病例，连续2年抗体检测合格、感染监测为阴性，连续组织3次传染病风险评估结果为低风险甚至无风险，则定为该种疫病净化。

8. 组织专家进行评估验收

对于实施某种疫病控制或净化的羊场，应该邀请相应专家到羊场进行实地评估验收，如果评估和验收通过，才能确定为某种疫病控制或净化的羊场；如果不能通过，则应进行整改和强化控制净化措施，争取早日达到标准。

附录D　羊异地舍饲育肥技术

规模化育肥场采取的育肥模式是全进全出，全程饲喂饲料公司

提供的全混合草颗粒，或者饲料公司提供的30%浓缩料，羊场再配以70%玉米，一定量的粗饲料，如粉碎的玉米秸秆、麦草粉，青贮饲料，全部混合。分早晚两次饲喂，自由饮水，半个月分群一次。

一 肉羊育肥整体技术图谱

肉羊育肥整体技术图谱如附图D-1所示。

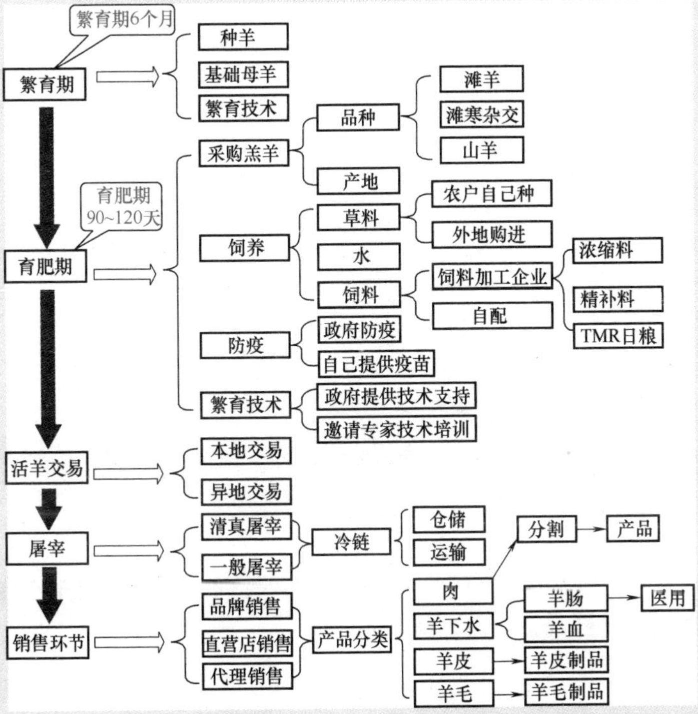

- 繁育期（繁育期6个月）
  - 种羊
  - 基础母羊
  - 繁育技术
- 育肥期（育肥期 90~120天）
  - 采购羔羊
    - 品种
      - 滩羊
      - 滩寒杂交
      - 山羊
    - 产地
  - 饲养
    - 草料
      - 农户自己种
      - 外地购进
    - 水
    - 饲料
      - 饲料加工企业
        - 浓缩料
        - 精补料
        - TMR日粮
      - 自配
  - 防疫
    - 政府防疫
    - 自己提供疫苗
  - 繁育技术
    - 政府提供技术支持
    - 邀请专家技术培训
- 活羊交易
  - 本地交易
  - 异地交易
- 屠宰
  - 清真屠宰
  - 一般屠宰
  - → 冷链
    - 仓储
    - 运输
- 销售环节
  - 品牌销售
  - 直营店销售
  - 代理销售
  - → 产品分类
    - 肉 → 分割 → 产品
    - 羊下水
      - 羊肠 → 医用
      - 羊血
    - 羊皮 → 羊皮制品
    - 羊毛 → 羊毛制品

附图D-1 肉羊育肥整体技术图谱

二 育肥羊工作流程

1. 病羊的查找

病羊的查找流程见附图D-2。

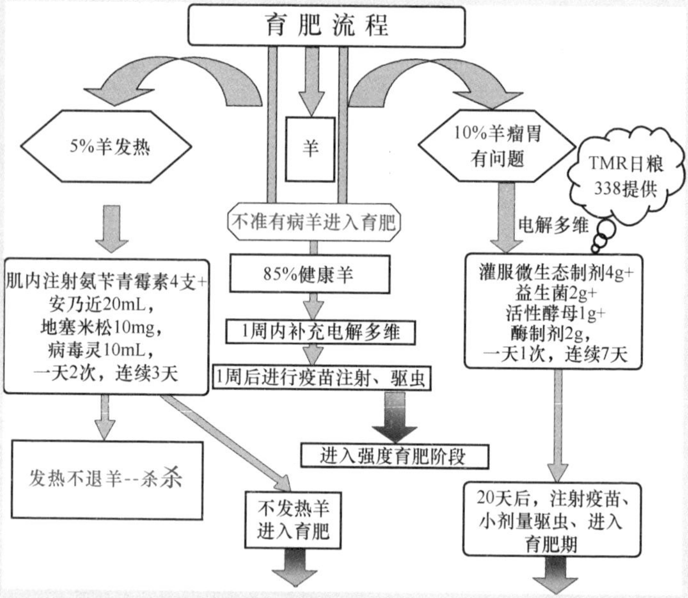

育肥流程

5%羊发热

羊

10%羊瘤胃有问题

TMR日粮338提供

不准有病羊进入育肥

电解多维

肌内注射氨苄青霉素4支+安乃近20mL，地塞米松10mg，病毒灵10mL，一天2次，连续3天

85%健康羊

灌服微生态制剂4g+益生菌2g+活性酵母1g+酶制剂2g，一天1次，连续7天

1周内补充电解多维

1周后进行疫苗注射、驱虫

进入强度育肥阶段

发热不退羊--杀杀

不发热羊进入育肥

20天后，注射疫苗、小剂量驱虫、进入育肥期

附图 D-2　病羊的查找流程

2. 发热羊的处理与治疗方法

肌内注射氨苄西林 2g + 安乃近 20mL；地塞米松 10mg 肌内注射；吗啉胍 10mL 肌内注射，一天 2 次，连续 3 天。

3. 运输应激综合征的处理措施

羊进入第 2 天，每只羊灌服微生态制剂 4g + 益生菌 2g + 活性酵母 1g + 酶制剂 2g，一天 1 次，连续 7 天。

4. 保健流程（附表 D-1）

附表 D-1　保健流程

序　号	保健流程
1	进羊前 5 天，用烧碱消毒圈舍，购置羔羊料，每只羊 20kg

（续）

序　号	保健流程
2	进羊1~3天，隔离观察，学习执行饲养管理准则 自由饮水，水中添加速补康、维生素C、食盐、荆防败毒散、阿莫西林，以便快速恢复体力，补充营养损耗，提高机体免疫力。喂给青干草，少量麸皮。第4天开始添加羔羊颗粒料
3	进羊5~6天，进行防疫，一次性注射羊痘疫苗、羊三联苗、小反刍兽疫疫苗、口蹄疫疫苗。第7~14天，精、粗比为30:70，精饲料为羔羊颗粒料，进羊第10天第一次驱虫，伊维菌素2.5g/只。开始注射疫苗，驱虫，健胃，分群
4	进羊第14天，第二次驱虫，伊维菌素2.5g/只。第15天进入正式育肥期，精、粗比50:50，或饲喂全价草颗粒，自由采食，饮水
5	进羊第16天，全群带羊消毒，健胃3天。进羊第35天，日粮中添加亚硒酸钠-维生素E

5. 饲料饲喂程序（附表D-2）

附表D-2　饲料饲喂程序

序　号	时　间	主要操作
育肥准备期	第1~15天	精饲料20%，粗饲料80%，全混合，自由采食，饮水
育肥中期	第16~49天	精饲料65%，粗饲料35%，全混合，自由采食，饮水；或者全混合草颗粒，自由采食
育肥后期	第50~80天	精饲料75%，粗饲料25%，全混合，自由采食，饮水；或者全混合草颗粒，自由采食。随时出栏

附录E　常见计量单位名称与符号对照表

量的名称	单位名称	单位符号
长度	千米	km
	米	m
	厘米	cm
	毫米	mm
面积	平方千米（平方公里）	km^2
	平方米	m^2
体积	立方米	m^3
	升	L
	毫升	mL
质量	吨	t
	千克（公斤）	kg
	克	g
	毫克	mg
物质的量	摩尔	mol
时间	小时	h
	分	min
	秒	s
温度	摄氏度	℃
平面角	度	(°)
能量，热量	兆焦	MJ
	千焦	kJ
	焦［耳］	J
功率	瓦［特］	W
	千瓦［特］	kW
电压	伏［特］	V
压力，压强	帕［斯卡］	Pa
电流	安［培］	A

参 考 文 献

[1] 吴心华. 肉羊育肥与疾病防治 [M]. 北京：金盾出版社. 2014.

[2] 高作信. 兽医学 [M]. 3 版. 北京：中国农业出版社，2012.

[3] 达文政，李颖康. 国外优质肉用种羊品种及饲养技术 [M]. 北京：中国农业出版社，2003.

[4] 吴心华，赵洪喜，陈绍淑，等. 育肥羊黄脂症的诊治 [J]. 黑龙江畜牧兽医. 2010 (2)：94.

[5] 陈晓勇，孙洪新，田树军，等. 寒泊肉羊与小尾寒羊产肉性能及肉品质比较 [J]. 畜牧与兽医. 2015，47 (9)：40-44.

[6] 苟想珍，何茂昌，王珂，等. 同期发情技术在萨福克肉羊冻精杂交改良中的应用研究 [J]. 中国畜牧兽医文摘. 2015 (8)：68.

[7] 柴君秀. 李颖康. 马小明. 等. 杜×寒、滩×寒 F_1 代杂种羊的生长发育及产肉性能研究 [J]. 黑龙江畜牧兽医. 2011 (21)：61-63.

[8] 吕建民. 李颖康. 马青. 等. 肉用品种羊与地方品种羊所产杂种羊生长发育及产肉性能测定与分析 [J]. 中国草食动物. 2005，25 (5)：14-16.

[9] 赵有璋. 肉羊品种介绍 [J]. 猪业观察. 2004 (4)：53.

[10] 梅步俊. 李亚珍. 吉日嘎拉，等. 反刍动物黄脂研究进展 [J]. 草食家畜. 2013 (4)：1-5.

[11] 岳润杰. 育肥羊的日常管理 [J]. 畜牧兽医科技信息. 2007 (1)：53.

[12] 张春珍，李聚才. 良种肉用绵羊与小尾寒羊杂一代屠宰试验研究 [J]. 中国草食动物. 2005，25 (4)：43.

[13] 梁小军，李颖康，郑丽霞. 我国引入的国外肉用种羊及其应用效果 [J]. 中国草食动物. 2004，23 (1)：57-58.

书号：978-7-111-45467-0

定价：29.8

书号：978-7-111-50354-5

定价：25.0

书号：978-7-111-49781-3

定价：35.0

书号：978-7-111-54481-4

定价：25.0

书号：978-7-111-49325-9

定价：35.0

书号：978-7-111-54074-8

定价：29.8

书号：978-7-111-53838-7

定价：59.8

书号：978-7-111-45863-0

定价：29.8